2030 화성 오디세이

일러두기

* 이 책은 22명의 국내 과학자와 두 명의 공동 기획자가 함께 만든 공동 창작물입니다.

본문 사진 ｜ NASA, XCOR, 애리조나주립대, MIT, 한국항공우주연구원, ESA, 칼텍 외
본문 일러스트 ｜ 유한진, 박장규

국내 전문가 22인이 알려주는 화성 탐사의 모든 것

2030 화성 오디세이

최기혁 등 22명 지음

MID

2030 화성 오디세이

초판 1쇄 발행	2015년 10월 26일
초판 11쇄 발행	2024년 04월 04일

기 획	윤신영, 최인호
지 은 이	최기혁 등 22명
펴 낸 곳	(주)엠아이디미디어
펴 낸 이	최종현
진 행	박동준
책임편집	최재천
디 자 인	김선예

주 소	서울특별시 마포구 신촌로 162, 1202호
전 화	(02) 704-3448
팩 스	(02) 6351-3448
이 메 일	mid@bookmid.com
홈페이지	www.bookmid.com
등 록	제2011-000250호

I S B N   979-11-85104-47-8 03400

인류의 화성정착 시대를 기대하며

인류의 역사는 끝없는 도전으로 점철되어 왔습니다. 육지와 바닷길을 연 역사도 그렇거니와, 항공과 우주 비행의 도전도 새로운 역사가 되고 있습니다. 창공을 나는 꿈은 약 110년 전에 실현되었습니다. 1903년 12월 미국 노스 캐롤라이나 주 킬 데빌 힐스에서 있었던 라이트 형제의 첫 동력 비행이 항공 역사의 출발이었습니다. 물론 그 당시 어느 누구도 오늘날의 최첨단 유무인 항공기를 상상하지는 못했을 것입니다.

100년 후의 우주기술 발전에 대한 예측도 쉽지 않은 것은 마찬가지입니다. 우주기술 예측이 어려운 만큼 우주의 어디까지 인류가 나아갈지 예상하기는 어렵습니다. 그러나 가까운 장래에 전개될 우주탐사에 대해서는 충분히 예측 가능한 단계에 와 있습니다. 적어도 화성 유인탐사에 대해서는 확실한 청사진이 보입니다. NASA의 계획에 따르면 향후 15년 전후로 인류의 화성 정착이 시작될 전망입니다.

화성 유인탐사는 우주개발 역사와 더불어 늘 화두로 등장했습니다. 미국의 우주왕복선과 러시아 소유스 우주선의 발전이 화성 탐사의 기대를 이어갔습니다. 2004년 1월 조지 부시 행정부가 발표했던 'Moon, Mars and Beyond' 계획은 유인 화성탐사를 현실화하는 의지를 보여주었습니다. 근지구적 우주개발에서 벗어나 화성을 비롯한 태양계 탐사를 추진하는 방안이 포함되었기 때문입니다. 이 같은 장기 계획은 오바마 대통령의 2010년 우주정책 발표와 2015년 상하원 합동 연설에서 더욱 구체화되었습니다. 화성 지표면에 인류를 정착시켜 장기간 거주하게 하는 이른바 '발전 가능한 화성이주 계획(Evolvable Mars Campaign)'이 그것입니다.

민간 기업들의 우주개발 투자 또한 인류의 화성 서식에 상당한 동력이 될 전망입니다. 스페이스엑스(SpaceX) 사를 비롯하여 스페이스 어드벤처(Space Adventure), 에어로스페이스(Aerospace) 등 여러 기업들이 대형 우주선, 개인 우주선, 우주택시, 우주 리조트, 달과 화성 정착촌 건설 등의 사업에 투자를 확대하거나 계획하고 있습니다. 비영리 기구인 마스원(Mars One)의 2026 화성 이주 프로젝트도 실현 가능성은 희박해 보이지만 각국 우주기관을 자극하고 세계인의 주목을 끌기에는 충분한 기획인 것 같습니다.

우리나라의 우주정책은 '우주개발 중장기 진흥 계획(2014~2040)에 수립되어 있습니다. 2018년에 달 궤도선을 보내고, 2020년에 달착륙선, 2030년에는 화성탐사선 발사 그리고 2040년에 심우주탐사 등의 계획이 포함되어 있습니다. 국내 연구진이 특히 주목하는 점은 중장기 우주정책에 우주기초과학 발전을 위한 지원책이 얼마나 확고한가 하는 것입니다. 우주정책이 성공하기 위해서는 우주선, 인공위성 그리고 우주기초과학의 고른 발전이 필수적이기 때문입니다.

다가올 화성 정착 시대를 맞이하여 국내 연구진이 특별히 고심하는 것은 우주과학을 학술적 울타리에서 꺼내 젊은 과학도들과 시민들 속으로 들어가는 실천 방안이었습니다. 대중 속으로 들어가는 캠페인의 전개 방법을 고심하였던 것입니다. 여기서 등장한 기획이 과학동아를 통한 1년 연재물 출간으로 2013년 12월 윤신영 기자(현 편집장)와 이 기획을 처음 협의한 뒤 이듬해 3월부터 원고를 게재하기 시작했습니다.

총 12화로 연재된 '2030 인류, 화성에 가다'의 원고들은 국내 전문가 22인이 전체 주제의 흐름에 맞춰 저술한 역작이었습니다. 화성의 탄생과 천체적 특성, 생명체 흔적 가능성, 화성까지의 비행과 정착에 필요한 기술, 장거리 비행과 화성 생활을 위한 의생명학과적 대응, 지구에 활용 가능한 우주기술 그리고 미래 심우주탐사 프로젝트에 이르기까지, 화성을 중심으로 한 과학기술과 문화를 대부분 녹여 넣었습니다. 1인칭 화자(주인공)를 내세워 독자가 저절로 화성 여행에 빠져들게 만드는 독특한 기획도 시도했습니다.

국제적 우주정책이 화성으로 모아지는 이 즈음에, 이제는 우주에 대한 국내의 관심도 화성탐사에 맞추는 계기가 필요하다는 생각입니다. 이에 그동안의 12화 연재물과 삽화들을 재정리하고 일부 내용을 가필하여 《2030 화성 오디세이》로 출판하게 되었습니다. 윤신영 편집장과 이번 출판을 기획하면서, 이 책이 지구 환경에 가장 근접한 화성을 소개하고 성공적인 안착을 위한 기술들을 소개하는 단초가 될 것을 기대하고 있습니다. 화성 탐사와 연계된 국가 우주정책에 대해서도 국민적 관심을 드높이는 계기가 되기를 바랍니다.

이번 출간의 기반이 된 과학동아 연재에 기꺼이 원고를 써주신 22인의 저자들께 이 기회를 빌어 진심 어린 감사의 말씀을 드립니다. 저자들이 활동하는 한국마이크로중력학회, 한국항공우주연구원, 한국천문연구원 그리고 한국우주생명과학연구회의 협조에도 사의를 표합니다. 특별히 이번 출판에 깊은 애정과 온 정성으로 도와주신 MID 출판사의 최성훈 사장님과 직원들께도 저자들을 대신하여 깊은 사의를 전합니다. 끝으로, 과학동아 연재에서부터 이번 단행본 출판에 이르기까지 전 과정을 함께 해주신 윤신영 편집장과 기자 여러분께도 감사의 마음을 전합니다.

2015년 10월

최인호

연세대학교 생명과학기술학부 교수

한국마이크로중력학회 회장

한국우주생명과학연구회 회장

아시아 마이크로중력 심포지엄 의장

집필진

강성현	한국생명공학연구원 미래기술연구본부 책임연구원
김규성	인하대학교 의과대학 이비인후과 교수
김어진	한국항공우주연구원 우주과학팀 선임연구원
김영효	인하대학교 의과대학 이비인후과 교수
김재경	한국원자력연구원 첨단방사선연구소 선임연구원
김택중	연세대학교 생명과학기술학부 교수
김한성	연세대학교 의공학부 교수
문홍규	한국천문연구원 책임연구원
박준수	연세대학교 생명과학기술학부 교수
변용익	연세대학교 천문우주학과 교수
윤태성	한국생명공학연구원 미래기술연구본부 책임기술원
이대택	국민대학교 체육학부 교수
이유경	한국해양과학기술원 부설 극지연구소 책임연구원
이주희	한국항공우주연구원 우주과학팀 팀장
이준호	고려대학교 신소재공학부 교수
이창수	충남대학교 화학공학과 교수
이태훈	전남대학교 치의학 전문 대학원 생화학 교수
임미정	숙명여자대학교 약학부 교수
최기혁	한국항공우주연구원 달탐사연구단장
최종일	전남대학교 생물공학과 교수
하 윤	연세대학교 의과대학 신경외과 교수
한세종	한국해양과학기술원 부설 극지연구소

차례

1장

프롤로그

우주의 꿈,
화성에서 찾다

변용익

1992년 호주국립대에서 천문학과 천체물리학 박사학위
를 취득했으며, NASA 허블펠로우, 하와이주립대 연구
과학자, 대만국립중앙대 천문학 부교수를 거쳐 현재 연
세대학교 천문우주학과에 재직 중이다.
ybyun@yonsei.ac.kr

암반으로 덮인 표면이 보인다. 비록 바다는 없지만, 산맥과 협곡이 있고 극
지방으로 가면 하얀 얼음도 볼 수 있다. 바람과 폭풍이 이는 대기도 익
숙하다. 마치 고원이나 사막 같다. 하지만 이곳은 지구가 아니다. 지구와 가장
비슷한 행성이자, 지구 바로 바깥에서 태양 주위를 공전하고 있는 이웃 행성인
화성이다.

달에 발자국을 찍은 지 45년, 이제 인류는 화성에 발을 디딜 계획을 세우고 있다. 단순한 탐사를 넘어 이주까지 꿈꾸는 사람도 있다. 전문가들이 예상하는 시점은 2030년대. 겨우 15년 남짓 뒤면 우리는 화성에 '거주'하는 첫 인류를 맞이할지도 모른다.

화성은 지구와 형제처럼 태어났다

인류는 왜 화성에 주목할까. 바로 화성과 지구가 탄생을 함께 한 형제 행성이기 때문이다. 거리도 가깝고, 지구와 어느 정도 비슷하다. 인류가 지구 아닌 곳에 살기로 작정한다면 화성을 첫 번째 후보로 꼽지 않을 이유가 없다.

먼저 기원을 보자. 태양계의 행성은 태양이라는 별이 탄생하는 과정에서 거의 동시대에 만들어졌다. 별이 태어나기 전에는 넓은 공간의 가스물질이 모이는 과정에서 대규모의 회전 원반이 나타나고, 이들이 응결되고 합쳐져 점점 더 큰 덩어리로 자라났다. 덩어리는 주변의 가스물질과 작은 덩어리들을 계속 흡수했고, 결국 자신의 궤도 주변에 있는 대부분의 물질을 끌어 모아 하나의 행성이 됐다.

이 과정에서 태양으로부터의 거리에 따라 특성이 다른 두 가지 형태의 행성들이 태어났다. 원시태양으로부터 멀리 떨어진 차가운 공간에서는 얼음이 쉽게 만들어졌고 얼음이 행성의 성장과 완성을 가속했다. 이 행성은 거대가스행성이 됐다(목성, 토성, 천왕성 등). 반면 원시태양에 가까운 따뜻한 공간에서는 얼음이 잘 만들어지지 않았고, 암석질의 물질이 나중에야 서로 결합하게 됐다. 행성의 성장은 더디게 진행됐고, 결국 작은 암석행성들이 만들어졌다. 지구와 화성은 바로 이 때 함께 태어난 암석행성 형제다.

　화성과 지구가 태어나던 46억 년 전, 태양계의 행성이 있던 공간은 안정되거나 조회로운 환경이 절대 아니었다. 행성 표면에 크고 작은 원시 행성체들이 마치 대폭격을 퍼붓듯 연이어 충돌했다. 이 충돌은 행성의 거죽만 바꾼 게 아니었다. 자전축을 비틀고 지형까지 바꿔놓았다. 때로는 위성을 낳았다. 지구 주위를 도는 달 역시 당시 지구가 겪었던 초대형 충돌의 결과였다. 지구 표면에는 수백 개의 대형 충돌흔적이 남아있으며, 그중 일부는 공룡의 멸망을 일으키는 등 지구의 생태환경을 크게 바꿔놨다. 화성도 비슷하다. 화성 표면에는 지름 1km보다 큰 충돌 흔적이 무려 60만 개 이상 있다.

화성의 위성
포보스(Phobos, 왼쪽)와 데이모스(Deimos)

허블망원경으로 본 화성

여전히 미지의 행성

이렇게 많은 유사점에도 불구하고 천문학자들은 아직 화성에 대해 잘 모른다. 지난 수십 년 동안 우주의 많은 비밀을 밝혀냈고 별과 행성계의 탄생에 대해서도 방대한 정보를 수집한 것에 비하면 의외의 결과다. 우리는 화성이 아닌 지구에서만 생명이 번성하게 된 이유나 과거의 화성이 오늘날과 다른 점, 대기 조성이나 지질 활동의 차이 등에 대해 정보가 부족하다.

화성 자체도 지구와 비교해 참 재미있는 행성이다. 화성은 지름이 지구의

화성의 풍경

화성의 대기

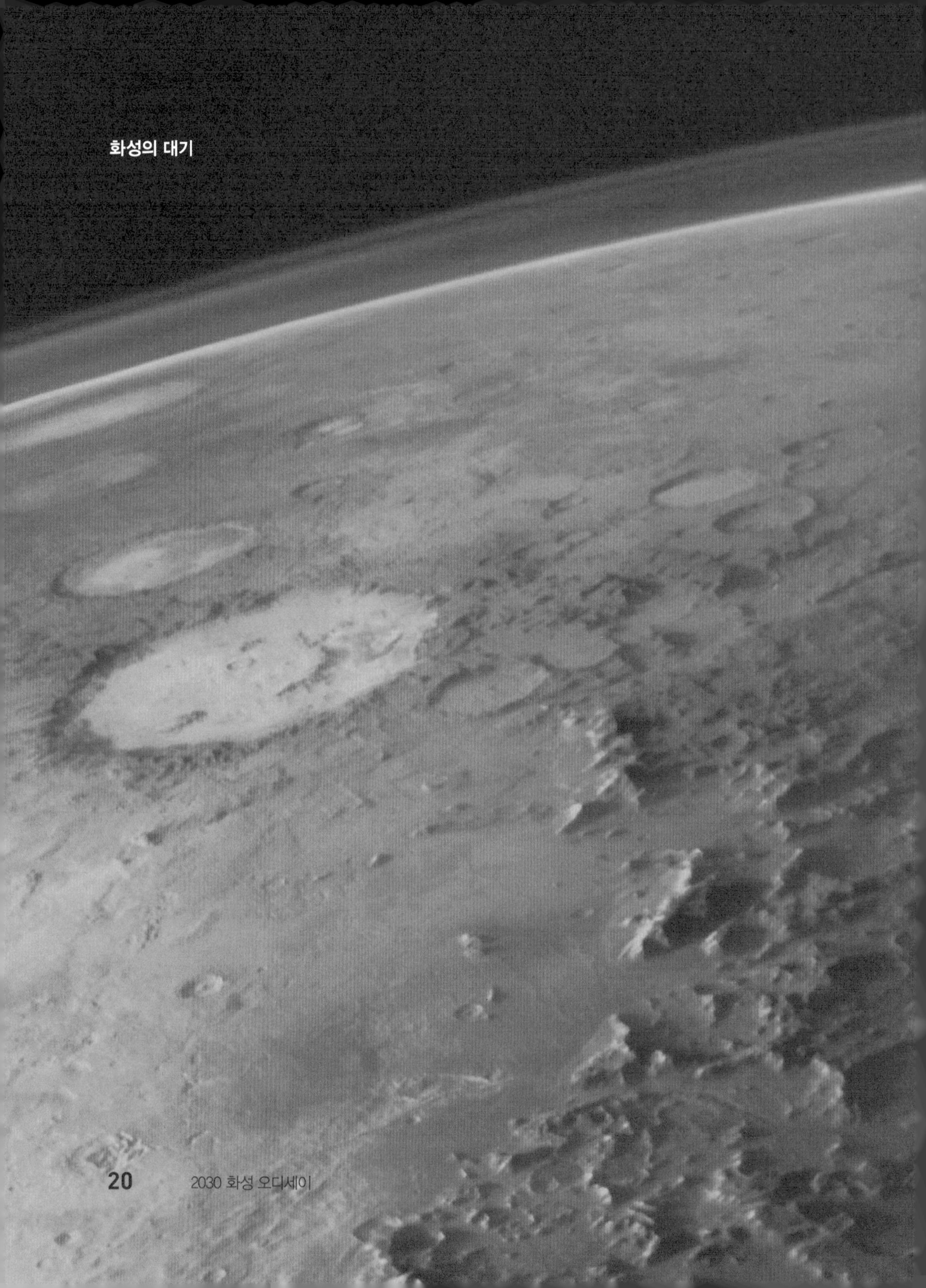

반 정도로 작지만, 자전 주기는 거의 비슷하다. 자전축이 공전축에 대해 기울어진 정도도 거의 비슷하다. 차이라면 태양과의 평균거리 정도다. 화성과 태양 사이의 평균거리는 2억3000만km로 지구와 태양 사이의 1억5000만km보다 약간 크다. 그런데 이 광활한 우주에서 불과 수천만km의 차이가 화성과 지구를 이렇게 다르게 만들었을까. 혹시 지구와는 다른 소행성체와의 충돌이나, 그밖에 우리가 전혀 생각지 못했던 다른 원인 때문은 아닐까.

이 모든 의문을 해결하기 위해서는 화성 탐사가 반드시 필요하다. 하지만 여기에는 큰 난관이 있다. 거주는커녕 방문부터가 고난이다. 지구는 공전주기가 365일이지만 화성은 687일이다. 이 때문에 지구와 화성 사이의 거리는 극적으로 크게 변하는데, 가까울 때는 5500만km까지 접근하지만 멀어질 때는 거리가 4억km까지 벌어진다. 4억km가 감이 잘 오지 않는다면 달과 비교해보면 된다. 인류는 겨우 38만km 떨어진 달에 몇 번밖에 다녀오지 못했다. 이보다 수백 배나 먼 곳까지 무사히 여행하는 게 가능할까. 산적한 기술적, 생물학적, 천문학적 문제를 어떻게 풀 수 있을지, 다음 이야기에 주목해보자.

태양계에는 어떤 행성이 있을까?

오랫동안 태양계에는 9개의 행성이 있다고 알려져 있었지만, 지금은 8개만이 행성으로 인정 받고 있다. 비운의 주인공은 명왕성. 20세기 초 미국의 천문학자 클레이데 톰보가 발견해 태양계 9번째이자 최외곽 행성이 됐는데, 2006년 국제천문연맹에서 행성 지위를 빼앗기고 왜행성이 됐다. 이유는 여럿 있다. 우선 행성의 정의를 엄격하게 적용해서인데, 그 행성의 궤도상에 다른 소천체가 없어야 한다는 조건, 그러니까 그 궤도에서는 그 천체가 주도적이어야 한다는 조건이 명왕성과 맞지 않았다. 명왕성은 카이퍼벨트라고 불리는 소행성대에 자리잡고 있기 때문이다.

2006년 행성 지위를 잃을 때, 고심한 사람들이 있었다. 그 해 1월, 명왕성을 탐사하기 위해 탐사선을 쏘아 보낸 미국항공우주국(NASA)의 과학자들이었다. 그들은 약 9년 뒤에 명왕성에 도착할 탐사선을 만들어 어렵게 쏘아 보냈는데, 몇 달 만에 탐사 대상이 행성 자리를 내놓게 돼 '명분'이 사라졌기 때문이다. 하지만 2015년 7월 막상 명왕성에 탐사선 '뉴호라이즌' 호가 도착했을 때, 세상은 명왕성의 맨 모습에 크게 환호했다. 뉴호라이즌 호는 명왕성 곁을 빠르게 스쳐 지나가며 표면에 대한 정보를 수집했고, 지금 천천히 그 정보를 지구로 보내는 중이다.

태양계에 남은 8개의 행성은 크게 두 부류로 나뉜다. 지구와 같이 지표면이 단단한 암석으로 된 암석형 행성과 가스가 뭉친 가스형 행성이다. 가스형 행성의 대표는 목성으로, 태양계에서 가장 크다. 태양계 탄생 무렵, 목성은 꽤 크게 자랐다. 핵융합 반응을 일으켜 스스로 빛날 뻔할 정도였다. 하지만 태양이 급속히 성장하면서 먼저 항성이 되어 주변의 먼지와 물질을 독차지했고, 목성은 더 커질 기회를 잃었다. 현재 목성의 크기는 태양계의 여덟 행성을 모두 합한 질량의 약 3분의 2에 달한다.

토성은 고리가 아름다우며 목성 다음으로 큰 행성이다. 고리는 작은 얼음으로 돼 있으며 크기가 수 cm에서 수 m까지 다양하다. 이 얼음은 토성이 형성되고 남은 것들이 흩어져 있는 것이다. 천왕성과 해왕성은 태양계 가장 바깥을 도는 행성들이다. 이들 역시 수소나 헬륨, 메탄 등으로 구성된 가스가 주성분이다. 참고로 가스형 행성이 가스로 이뤄져 있다고 해도, 내부에 암석이나 얼음으로 된 핵이 없지는 않다. 맨틀에 해당하는 부분도 있다. 가스 부분은 표면에 존재하며, 그나마 강한 중력 때문에 온도와 압력이 높아 아주 밀도가 높은 상태로 되어 있다. 또 초속 수백m의 강한 돌풍이 부는 등 극단적인 환경을 보여준다.

태양계 안쪽, 그러니까 태양과 가까운 쪽에 위치한 행성들은 암석형 행성이다. 대표는 지구이며, 지구는 암석형 행성 중에서도 가장 크다. 지구와 크기가 비슷한 금성은 태양과의 거리도 가깝지만, 특히 두텁고 밀도가 높은 이산화탄소 대기 때문에 지표면이 거의 불지옥처럼 고온 고압 상태다. 표면온도는 465도이고, 대기압은 지구의 92배에 달한다. 아마 태양계에서 가장 혹독한 환경일 것이다. 이 온도는 태양에 보다 가까운 수성의 지표 온도보다 높다. 모항성과의 거리도 행성의 환경에 중요하지만, 대기의 성분과 상태 역시 중요함을 알 수 있다.

지구와 가장 비슷한 환경을 보이는 행성은 화성이다. 지구 다음으로 태양에 가까운 행성인데, 크기는 비록 지구보다 작지만 지표 환경이 사막과 비슷하고 엷은 대기도 있어 비교적 살기에 무난하다. 물론 대기압이 지구의 100분의 1 정도로 약하고 산소도 없어 당장 생명체가 살 수는 없지만, 극지방을 중심으로 약간의 물(얼음)도 있다. 돌이 깎이거나 퇴적된 흔적이 탐사선의 탐사 결과 밝혀져, 과거에는 화성에도 물이 흘렀을 가능성이 높다. 그렇다면 아주 과거에 화성에 생명체가 살았을 가능성도 있지 않을까. 많은 과학자들이 화성을 주목하는 이유다.

현재 태양계의 행성 가운데에 지구인이 방문한다면 가장 우호적인 환경은 화성에서 만날 수 있다. 일단 너무 더운 곳은 생명체가 살지 못한다. 더운 것보다는 추운 게 낫다. 그렇다고 너무 추우면 곤란하다. 화성은 평균 기온이 영하 60도 정도로 춥긴 하지만, 해가 드는 부위는 쌀쌀한 가을 날씨 정도이기 때문에 못 살 정도는 아니다. 단단한 지면이 있다는 사실도 화성의 장점이다. 이 책에서 화성 이주 시뮬레이션을 해보는 이유다.

태양계의 행성

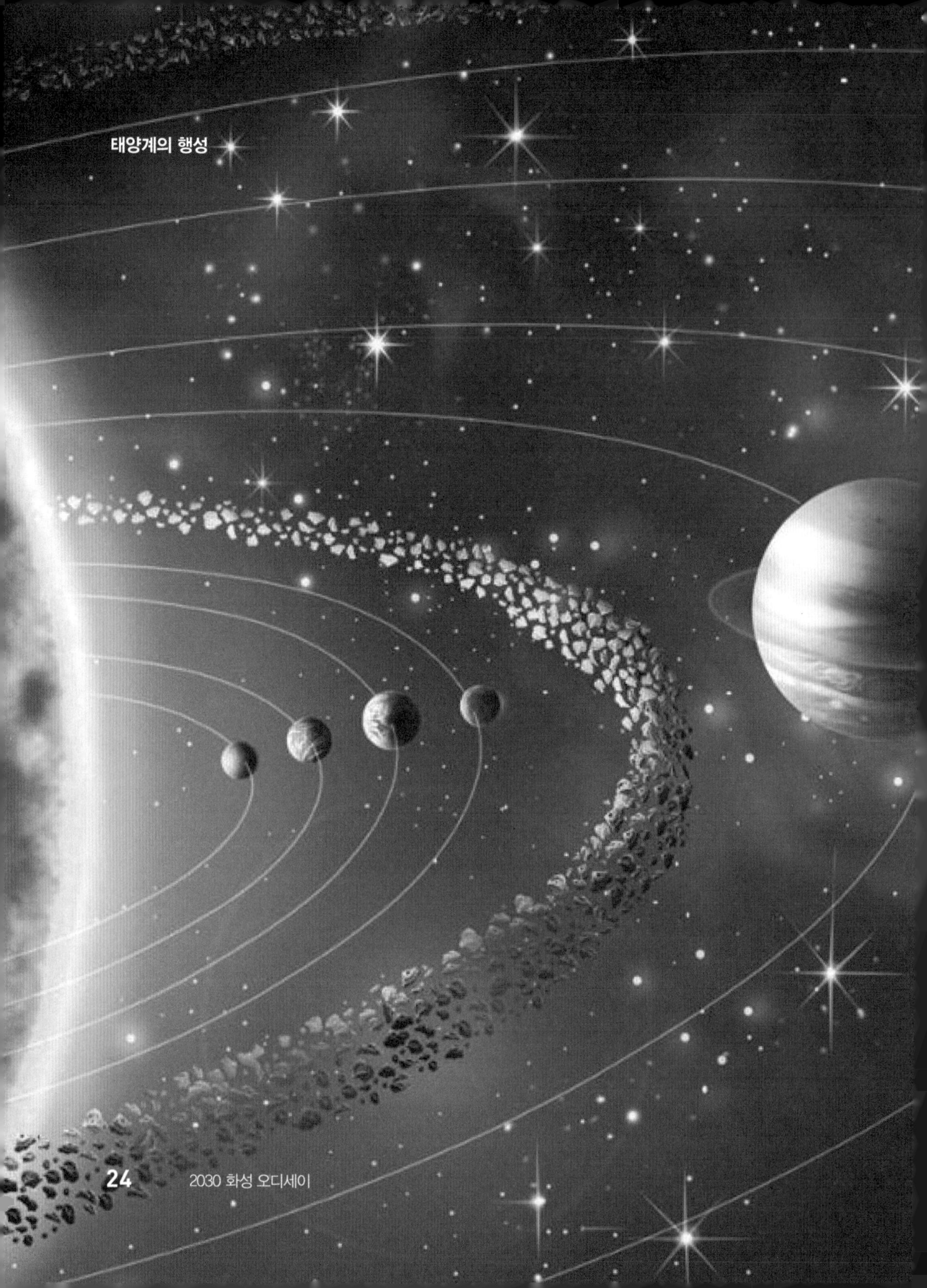

1 부

화성에 가기까지

* 이 장에서는 지구에서 화성에 가기까지 우주 여행 중에 마주칠 수 있는 신체적
  변화와 어려움을 다룬다.

2장

우주 멀미는 괴로워

김영효

인하대 의대 이비인후과 교수로 국토해양부 및 미국
연방항공청(FAA) 항공전문의 자격을 가지고 있으며, 미
래창조과학부 지정 우주핵심기술개발사업 연구를 하고
있다. inhaorl@inha.ac.kr

김규성

인하대 의대 이비인후과 교수로 한국항공우주의학회 간
행이사 및 인하대 우주항공 의생명과학연구소 소장을
맡고 있다. stedman@inha.ac.kr

하윤

연세대 의대 신경외과 교수이며 한국항공우주의학협회
회장으로 우주 신경의학 전문가다. HAYOON@yuhs.ac

우주는 낮과 밤의 구분이 없다.
아래 내려다 보이는 지구는 분명한 낮
이지만, 그 상공에 떠 있으며 한 시간
반마다 지구를 한 바퀴 도는 국제우주
정거장에서도 낮이라고 할 수 있을까?
우주에서 하루주기리듬은 망가지고 미
세중력에 몸은 고단해진다.

♀ 주선이 지구를 출발해 우주로 나온 직후부터 화성에 도착할 때까지, 우
리는 몇 달 동안의 긴 시간을 무중력 상태에서 생활해야 한다. 영화에서
무중력 상태는 그저 신기하고 재미있게만 보였지만, 막상 실제로 생활하려니
어려운 일이 한두 가지가 아니었다. 우선 허공에 떠있다 보니, 어느 쪽이 위고
이느 쪽이 아래인지 개념이 사라지기 시작했다. 더구나 우주선 내부의 모든 벽
면에는 기계 장치가 붙어 있어서 도대체 어디가 바닥인지 구별조차 하기 어려
웠다.

정신 없었던 우주멀미

혼란을 느끼는 우리를 보고 하우스 박사가 이유를 설명해줬다. 그는 우리가
공간에 대한 감각을 느끼는 것은 다양한 기관이 작용한 결과라고 설명했다. 시
각(눈으로 천장이 어디이고 바닥이 어디인지를 보는 것), 전정기관(머리가 기울
어지면 이석(耳石)이 움직여 평형에 대한 감각을 느끼게 해주는 것) 그리고 근
육이다. 그런데 우주선 내부에서는 시각에 의존해서 위아래를 구별하는 능력이
점차 떨어지기 때문에 그냥 자신이 서 있는 방향을 기준으로 해서 위아래를 구
별하는 습관이 든다. 이런 과정에서 시각과 전정기관에서 받은 정보가 서로 일
치하지 않게 되고 뇌는 혼란을 겪는다. 이것이 우주비행사가 겪는 우주멀미다.
대부분의 대원이 여행 시작 직후 심한 멀미로 고생했다. 나도 예외는 아니
어서 눈이 빙빙 돌고 속이 메스꺼워지는 지독한 고통을 맛봤다. 멀미약에 의존

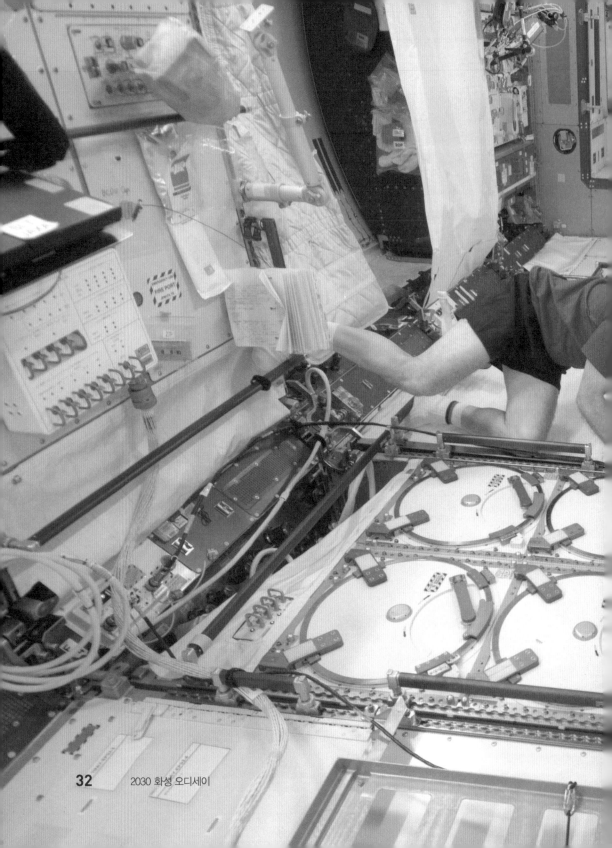

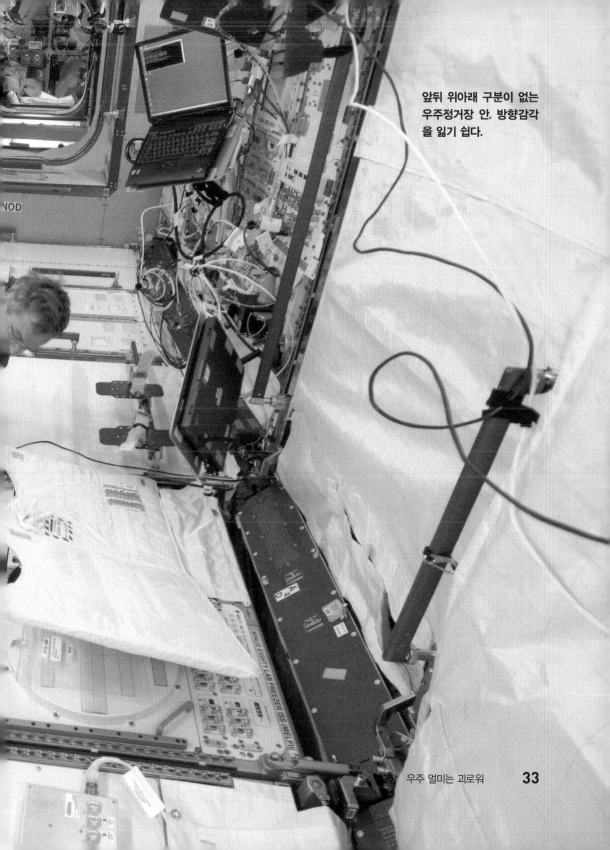

앞뒤 위아래 구분이 없는 우주정거장 안. 방향감각을 잃기 쉽다.

해 며칠 기다리는 것 외에 딱히 해결책도 없었다. 다행히 3~4일 지나자 대원 대부분이 어느 정도 적응해 멀미에서 조금 회복될 수 있었다.

여행과 함께 시작된 변화는 또 있었다. 대원들의 얼굴이 모두 마치 라면을 먹고 잔 다음날처럼 퉁퉁 부어오른 것이다. 하우스 박사는 우리의 이런 얼굴 변화에 대해 다음과 같이 알기 쉽게 설명해 줬다. 지구에서는 중력의 영향으로 혈액과 체액이 머리보다는 다리 쪽에 좀 더 몰려 있다. 하지만 무중력 상태에서는 몸의 중심부와 얼굴에 몰리기 때문에 얼굴이 퉁퉁 붓는다. 다리에 있던 수분 중 약 2L가 무중력상태가 된 지 고작 몇 분만에 가슴과 머리로 이동한다. 코 안의 혈관이 팽창해 안이 꽉 막히기 때문에, 냄새를 잘 맡지 못하게 되고 맛도 느끼지 못하게 된다. 그래서 우주식이 맛없던 걸까. 물론 최근에는 이런 특성을 감안해 맛을 강하게 내는 우주식도 개발돼 있지만 말이다.

우주는 낮과 밤의 구분이 없다

농담은 팍팍하고 힘든 우주 여행을 할만하게 만들어줬다. 마르코니 대원이 무중력 상태에서는 자기 아내의 끔찍한 요리도 맛이 덜 느껴지니 참고 먹어 줄 수 있을 것 같다는 농담을 해 우리를 웃겼다. 퉁퉁 부은 얼굴로 아내의 표정까지 흉내내며 웃던 마르코니는 "그래도 아내의 손맛이 그립다"며 잠시 눈시울을 적시기도 했다.

사실 국제우주정거장(ISS) 등은 회전에 의한 원심력으로 인공중력을 만들어 준다. 따라서 얼굴이 붓거나 우주멀미를 하는 문제를 원천적으로 해결할 수 있다. 하지만 화성을 향해 날아가야 하는 우주선 내에서는 해결이 불가능하다. 다행히 하우스 박사가 의약품 박스 내에 항히스타민제, 코 안에 뿌리는 비강내 스테로이드 분무제 등의 비염 약을 준비해 왔기 때문에 우리는 이런 약품에 의존해 그때그때 코막힘 증상을 해결했다.

지구에서는 낮과 밤이 존재한다. 지구의 자전에 의해 햇빛을 받는 밝은 쪽이 낮이 되고 그렇지 않은 어두운 쪽이 밤이 된다. 인체는 이런 지구의 24시간 주기에 적응해 나름의 '생체시계'를 갖게 된다. 아침이 되면 깨어나고, 식사 시간이 되면 배가 고프고, 저녁이 되면 졸립기 시작하는 하루의 '바이오 리듬'이라고나 할까. 그런데 우주여행을 하면서 우리는 우주에 낮밤이 없다는 뻔한 사실에 경악하게 됐다. 알고는 있었지만 직접 몸으로 체험하는 것은 전혀 달랐다. 더구나 우리는 태양으로부터 점점 멀어지는 여행을 했으니 오는 빛의 양도 점점 줄어들었다. 따라서 밤은 없지만 그렇다고 낮처럼 환하게 밝은 것도 아닌 애매한 상태가 계속됐다. 처음에는 별스럽지 않게 느꼈지만, 몸의 바이오 리듬이 깨지기 시작하니 깊이 잠들지 못하고 수면 시간이 짧아지기 시작했다. 깨어 있을 때도 별 의욕이 없고 그저 멍하니 있기 일쑤였다. 우리 열두 명의 대원들 중 아홉 명 정도는 졸피뎀 같은 수면제를 복용해야만 겨우 잠을 청할 수 있었다. 입맛이 없다며 우주식도 잘 먹지 않는데다가 수면도 충분치 않으니 체중이 줄어 수척해 보이는 대원도 몇몇 있었다.

낮과 밤이 따로 없고 맛없는 우주식만이 이어지는 단조로운 생활에서 벗어나기 위해, 우리는 나름대로 재미있는 방법을 찾기 시작했다. 지구의 시간을

기준으로 대원들의 생일, 그리고 각 나라의 휴일을 달력에 표시하고, 그 날에
는 무미건조한 우주식 대신 좀더 특별한 식사를 하기로 한 것이다. 물론 특별
한 식사라고 해서 지구에서의 식사를 생각할 수는 없다. 다만 좀더 고급 재료
로 만든 캔 요리일 뿐이다. 그래도 전채요리, 메인 요리 그리고 디저트까지 갖
춰 먹으며 떠들썩하게 파티를 하고 나면 가라앉아 있던 마음이 다소나마 밝아
졌다.

그림도 글자도 엉망진창

우리가 해야 하는 실험 중에는 얼핏 우스꽝스러워 보이는 것들도 있었다.
예를 들면 '종이에 정육면체 그리기'와 같은 실험이 그랬다. 별 생각 없이 종이
에 정육면체를 그려 지구에 전송했다. 하지만 놀랍게도, 지구에서 받아본 그림
은 찌그러져 있는 모양이다! 연구에 따르면 무중력 상태에서는 시각의 왜곡 때
문에 실제보다 물건들의 거리가 가까워 보이게 되므로 3차원 지각 능력이 떨어
진다. '대한민국' 글씨를 평소처럼 써서 지구로 전송하는 실험도 있었는데, 이
역시 지구에서 평소 쓰던 글씨체보다 작은 글씨가 도착했다.

뿐만 아니다. 우리가 손을 뻗어 어떤 물체를 정확히 집어 올리는 것 역시 시
각이 3차원적 지각 능력을 발휘해 정확한 위치를 파악하기 때문에 가능한 것
이다.

수평

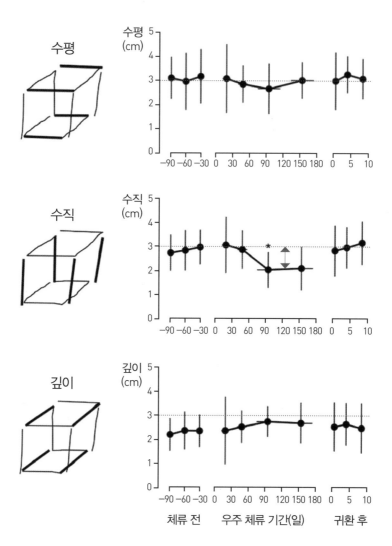

수평
(cm)

수직

수직
(cm)

깊이

깊이
(cm)

체류 전　　　우주 체류 기간(일)　　　귀환 후

우주에서 한 변이 3cm인 정육면체를 그리게 하면 지구에서와 다르게 그린다.
여행 65일 이후 수직 부분의 길이 변화가 두드러진다.

한쪽 눈을 가리고 물체를 잡으려고 하면 평소보다 어렵다는 것은 지구에서도 한번쯤은 겪어본 일이다. 그런데 무중력 상태에서는 두 눈을 다 뜬 상태에서도 위치를 정확히 파악할 수 없고, 물건을 정확히 잡기도 어려워진다. 이런 현상에 익숙해지기 전까지는 종종 물건을 잡으려다 헛손질을 해 주변 사람을 웃기곤 했다. 물론 다 지나간 추억이다.

"무슨 생각을 그렇게 골똘히 하고 있나?" 앨런 대원이 픽 웃으며 말을 건넸다. 앞을 보니 이제 다음 진료가 내 차례였다. 앨런의 웃음을 뒤로 하고 하우스 박사의 진료실로 들어섰다.

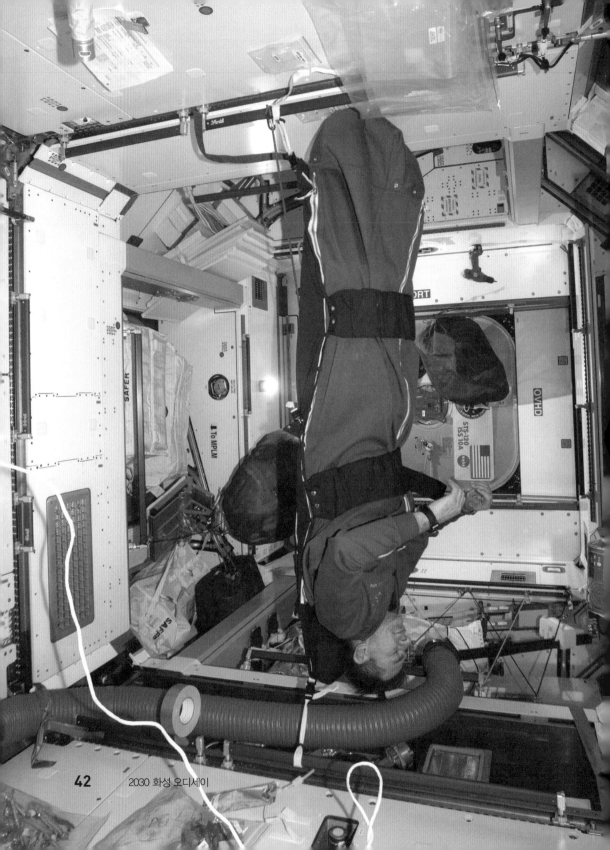

괴로운 불면증, 우주인은 졸립다

우주선이 날아가는 속도는 시속 3만km에 달한다. 이 속도로 달리는 우주선 안에서 우주인이 편히 자기란 쉽지 않다. NASA가 2001년부터 10년간 우주왕복선에 탑승했던 우주인 64명과 2005년부터 6년간 국제우주정거장(ISS)에 체류했던 우주인 21명을 조사한 결과, 이들은 대부분 평균 하루 6시간 정도를 자는 것으로 나타났다. 이는 지상에 있을 때보다 약간 적은 수치로, 겉으로 보기에는 큰 무리 없이 수면을 취하는 것처럼 보인다. 하지만 실은 전체의 4분의 3이 수면을 촉진하기 위한 처방을 받고 졸피뎀 등 수면제를 복용한 것으로 나타났다. 처방은 큰 정신적, 신체적 부담을 요구하는 선외활동을 앞두고 특히 많이 이뤄졌는데, 수면 개선 효과는 미미했다. 전문가들은 낮밤이 없어 하루주기리듬이 깨진 점 외에도, 미세중력 상태라 겪는 수면 장애도 있는 것으로 보고 있다.

3장

우주에서 건강 지키기

우주 면역력,
비타민이 필수

김택중

연세대 생명과학기술학부 교수로 미래창조과학부 우주핵심기술개발사업을 수행하고 있으며, 우주비행사의 건강을 위한 의약품도 개발하고 있다. ktj@yonsei.ac.kr

이태훈

전남대 치의학 전문 대학원 생화학 교수로 노화와 활성산소에 대한 연구를 하고 있다. thlee83@chonnam.ac.kr

박준수

연세대 생명과학기술학부 교수로 미세중력에 의한 세포신호 전달을 연구하고 있다. junsoo@yonsei.ac.kr

문을 들어서자 정돈이 잘 된 작은 진료실이 눈에 들어왔다. 그런데 그곳에서 나를 맞이하고 있던 것에 흠칫 놀랐다. 하우스 박사가 매서운 눈으로 나를 노려보고 있었다!

"아니, 킴선. 얼굴이 피곤해 보이네?
설마 아직 적응을 못했나?"

하우스 박사는 내 이름 김선홍을 늘 헷갈려 짧게 두 글자로 킴선이라고 부른다. 그의 날카로운 눈매에 당황해서, 나는 말을 우물거렸다.

"아닙니다. 비행이 길어서 좀 피로했던 거겠죠."
"뭐, 보면 알겠지…."

하우스 박사는 눈을 가늘게 뜨더니 내 팔에서 혈액을 채취하고 몇 가지 검사를 했다. 나는 초조한 기분이 됐다. 사실 '잘못'을 좀 한 게 있기 때문이다. 우주는 온도 변화가 극심하고 우주방사선이나 미세중력 등 지구와는 환경 차이가 크다. 이런 환경에 노출되면 몸의 면역력이 달라진다. 면역계에는 필수 미네랄이나 비타민 등이 특히 중요하다. 그런데 나는 우주 비행 동안 충분한 영양소를 섭취하지 못했다. 입맛도 적고 귀찮아서였다. 하지만 설마 그 정도로 문제가 있으려고…?

우주에서 하는 선외 활동은
피부의 노화에 영향을 미친다.
자외선과 전리방사선 등을
우주복이 효율적으로 막아주긴
하지만, 활성산소 발생에 따른
노화까지는 막기 힘들다.

"킴선. 혈액검사 결과 약간의 문제가 생겼네."

"네?"

"자네 몸의 면역세포 중 T세포 수가 많이 감소해 있네.
또 NK세포(자연살해세포)도 많이 줄어들어 있어."

한 마디로 면역력이 크게 떨어져 있다는 뜻이다. 비타민제 빼먹은 게 이렇게 큰 문제를 일으키는 걸까.

"면역력이 떨어지면 밀폐된 우주선 환경에서 곰팡이, 바이러스, 박테리아 등의 감염에 대한 대응 능력이 크게 감소한다네. 특히 긴 우주 임무를 수행할 때 문제가 되지. 만약 한 명의 우주 비행사라도 병원균에 감염되면 같은 우주선에서 활동하는 다른 우주비행사들에게 퍼지는 것을 막기는 어렵지."

하우스 박사는 의자를 바싹 당겨 앉으며 빠르게 말을 이어 갔다.

"7년 전의 비극, 기억하지?"

그 사고라면 우리 모두가 기억한다. 끔찍한 기억이다. 민간회사가 주도한 또 다른 화성행 우주 비행선의 시험비행 중에 일어난 일이었다. 대원 한 명이 바이러스에 감염된 상태로 탑승했다. 밀폐된 우주선 공간 안에서 모두의 면역력이 떨어지자 대원 전원이 순식간에 바이러스의 희생양이 됐다. 손 쓸 시간도 없었다. 지상의 기지국에서는 이들이 괴로워하다 죽는 모습을 속수무책으로 바라봐야 했다. 이 사고 이후, 외부 감염에 대해서는 대단히 엄격하고 민감한 규정이 겹겹으로 생겼다.

"이유야 여러 가지가 있겠지만…, 우주 비행사가 우주선 밖 활동으로 태양 방사선에 지속적으로 노출된다면, NK세포 수가 줄어들어 면역력이 떨어질 수도 있지."

하우스 박사는 그래서 당분간 외부 활동을 조심해야 한다고 지시했다. 이럴 줄 알았으면 그깟 비타민제를 열심히 먹어둘 걸 잘못했다. 이런 마음을 읽었는지, 하우스 박사는 신랄하게 말했다.

"격리 치료시설에 가지 않은 걸 다행으로 여기게."

대신 하우스 박사는 면역증강 프로젝트를 제안했다. 우선 영양분을 충분히 섭취하도록 우주 식단을 짜줬다. 면역력 증강 기능식품인 홍삼도 권했다. 운동도 더 해야 했다.

우주유영은 피부노화를 부른다

"그리고 피부노화도 측정 결과인데…. 다른 대원들보다 피부가 좀 더 늙었네. 우주공간에서 4일 동안 작업한 적이 있지? 아마 그 때문인 것 같군."
나는 고개를 살짝 갸웃거리며 물었다.

"그런데 우주복이 자외선과 전리방사선 등을 100% 차단하지 않나요?"

2030 화성 오디세이

"그렇지. 하지만 문제는 내부에 있어. 우주 유영을 할 때는 산소소비량이 많아 활성산소가 많이 발생하거든. 이들이 피부를 공격해 노화가 촉진될 수 있어. 우주복 안은 100% 산소로 채워져 있지? 또 출발하기 몇 시간 전부터는 순수한 산소로만 호흡을 해. 활성산소가 빠르게 증가하기 좋은 조건이지. 그런데 아직 우주복으로도 이 활성산소를 순식간에 제거할 수는 없어."

다음은 골밀도와 근육량 검사 결과였다. 둘 다 다른 연구원에 비해 감소가 적다는 결과가 나왔다. 하우스 박사는 지구의 중력 영향을 받고 살던 인간이 무중력 상태인 우주에 나가면 노화가 빠르게 일어난다고 설명했다. 우주에서는 체내 단백질과 칼슘이 1개월에 1% 꼴로 줄어든다. 만약 우주에서 1년을 머문다면, 뼈와 근육의 12%가 사라진다. 그만큼 늙는 것이다.

"제가 운동도 규칙적으로 하고 먹기도 잘 먹었거든요."

내가 의기양양해서 말하자, 하우스 박사가 말을 멈추고 안경 너머로 나를 쳐다봤다.

"비타민은 안 먹었잖아."

'헉, 알고 있었던 거냐.'

나를 보는 눈빛이 하도 서늘하고 엄격해 순간 웃는 표정을 거뒀다. 이 때부터 박사의 잔소리가 다시 이어졌다. 박사는 내게 다시 비타민을 먹을 것을 강조했다. 활성산소는 90% 정도의 질병과 상관관계가 있다. 활성산소를 없애는 과정을 항산화라고 하는데, 우리 몸에도 항산화 효소가 있다. 하지만 공해나 스트레스에 시달리는 현대인들은 자체적인 항산화 효소만으로 건강을 지키는 것이 거의 불가능하다.

"그래서 우리가 비타민 A, C, E를 열심히 먹는 거라네. 열무·피망·시금치·딸기·오렌지·사과 등 과채류를 많이 섭취하면 좋지만 그러자면 우주농장이 이것들을 키울 때까지 기다려야 하니까."

보이지 않는 몸 속 변화

그래도 몇 가지 당부와 지적이 끝나자 다음부터는 편안한 대화가 이어졌다. 나는 궁금했던 몸의 변화에 대해 물어봤다.

"우주에 가면 체액이 몰려 얼굴이 붓는다는 건 알고 있지? 근데 얼굴만이 아니네. 체류기간에 비례해서 폐의 크기나 기능도 떨어지지. 숨을 쉬어보면 횡격막이 위아래로 움직이는데, 이것도 중력과 연관이 있거든. 이렇게 몸의 많은 부분이 우주에서 변하는데, 사람의 몸이란 게 또 적응을 하게 마련이라 금세 편안해져. 하지만 다시 지구로 돌아가게 되면 또 힘들어지지. 수영장에서 한 시간만 있다가 나와도 몸이 무거워진 것처럼 느껴지는데, 우주에서 몇 달 보내고 나면 오죽하겠어. 심지어 우주여행 때문에 빈혈이 생길 수도 있다네. '우주인 빈혈'이란 단어가 있을 정도야."

미국 케네디 우주센터에서 만든 자동 식물재배
시스템. 채소는 우주여행에 꼭 필요하다.

나는 빈혈로 갑자기 쓰러졌던 대학 친구가 생각났다. 나같이 건장한 사람이 빈혈로 쓰러진다면 웃음거리가 되겠지.

"혹시 속이 거북하거나 소화가 예전과 다르지 않던가?"

듣고 보니 식사 후에 소화가 잘 되지 않아서 늘 더부룩했던 기억이 났다. 우주여행에 따른 긴장과 멀미 때문이려니 하고 생각하고 있었다. 하우스 박사가 말을 이었다.

"혈액 순환과 마찬가지로 우주에서는 음식물의 소화도 다르다네. 지구에서도 눕거나 물구나무 선 상태로는 음식을 먹기 어렵지? 음식이 위까지 내려갈 때는 중력이 큰 역할을 하게 되네. 물론 식도에서 연동운동을 하기 때문에 일반 고형 음식은 밑으로 내려 보낼 수 있어. 하지만 아무래도 효율이 떨어지지. 그래서 우주에선 꼭 누운 상태로 음식을 먹는 것처럼 소화가 잘 안 되는 거야. 아! 소장과 대장에서는 반대야. 장은 소화물을 아래로만 내려 보내는 게 아니라, 형태에 따라 다시 위쪽으로 올리기도 하지. 그런데 중력이 없는 상황에선 이 운동이 훨씬 쉬워."

하우스 박사는 마지막으로 체중을 쟀다. 우주에선 중력이 없기 때문에 지구에서 사용하는 체중계를 사용할 수가 없다. 우주에서는 뉴턴의 법칙($F=ma$)을 이용해 체중을 잰다. 체중을 재는 판에 올라가면 기계가 우주인을 밀어내는데, 이 때 우주인이 날아가는 속도를 측정해서 무게를 측정한다. 체중이 많이 줄어 있었다.

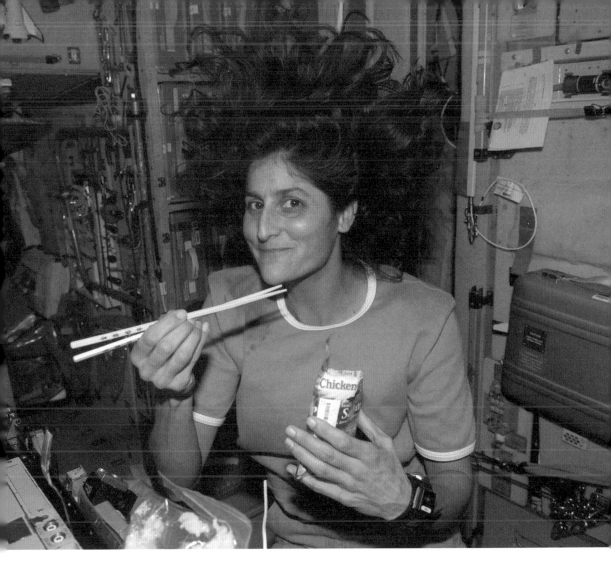

우주에서는 오래 머물 수 없다?

아니다. 러시아 우주인 발레리 폴랴코프는 1995년 우주정거장 미르(Mir)에서 438일 동안 연속 체류하는 기록을 세웠다. 여성 우주인 중에는 195일 동안 국제우주정거장에 머물렀던 수니타 윌리엄스(사진)와, 2015년 기록을 갱신한 이탈리아의 사만사 크리스토포레티(199일)가 있다. 러시아의 세르게이 크리칼레프는 1991년부터 2005년까지 모두 803일 동안 우주에 머문 기록도 있다. 위 사진은 수니타 윌리엄스.

"우주 멀미, 소화 불량, 스트레스 등의 이유도 있지만 뼈나 근육이 많이 줄어든 탓도 있네. 또는 체액이 빠져 나가서 체중이 줄어들지. 보통은 지구로 귀환하고 나면 다시 회복되니 걱정 말도록."

진료가 끝났다. 진료실을 나서는데, 하우스 박사가 다시 한번 힘 주어 강조했다.

"운동 처방 꼭 받게. 체력단련실에 전화 해 두겠네."

마지막 목소리는 어째 지상에서 훈련 받던 시절의 교관을 떠올리게 했다. 얼마나 더 혹독하게 시키려고 그러나.

우주 여행의 적, 활성산소

지구는 20% 산소를 대기 중에 함유하고 있다. 하지만 산소는 우리 몸에 들어와 혈관을 따라 운반되거나 음식물 소화 등 체내 대사 과정에서 우리 몸을 공격하는 활성산소로 전환된다. 문제는 이 활성산소가 90% 정도의 질병과 상관관계가 있다는 사실이다. 이를 막으려면 우주여행에서 귀환했을 때 체내 활성산소를 제거할 필요가 있다. 활성산소를 없애는 과정을 항산화라고 하는데, 몸에 있는 슈퍼옥사이드 디스뮤타아제, 글루타치온 의존형 퍼옥시다제 등의 항산화 효소가 이 역할을 한다. 다만 현대인은 공해나 스트레스 때문에 자체적인 항산화 효소만으로 건강을 지키는 것은 거의 불가능하다. 항산화 기능을 가진 비타민 A, C, E를 섭취해야 하며, 열무·피망·시금치·딸기·오렌지·사과 등 과채류를 많이 먹을 필요가 있다. 미래의 우주여행에서 채소 키우기가 중요한 이유다.

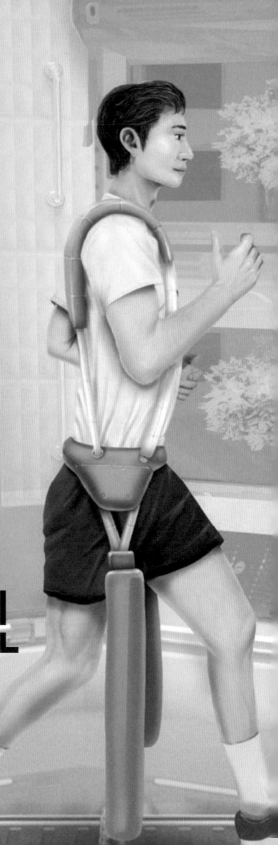

4장

심혈관과 근골격계

끈 매고 뛰는
우주 런닝머신

임미정

숙명여대 교수로, 숙명여대 약대를 졸업하고 일본 도쿄대 약대에서 석·박사학위를 받았다. 골면역학 분야가 전문이다. myim@sookmyung.ac.kr

김한성

연세대 의공학부 교수로 영국 맨체스터대에서 생체공학으로 박사학위를 받았다. 미세중력 환경에서의 신체 변화와 운동 분야의 전문가다. hanskim@yonsei.ac.kr

이대택

국민대 교수로 연세대 체육교육과를 졸업하고 미국 플로리다주립대에서 운동과학으로 박사학위를 받았다. 체온생리학을 전공했으며 '영양시대의 종말' 등 다섯 권의 저서가 있다. dtlee@kookmin.ac.kr

大H력 단련실로 들어가자 교관 줄리아가 하우스 박사로부터 받은 검사 결과를 보고 있었다. 줄리아는 엄격하지만 똑똑하고 매력적인 40대 초반의 아프리카계 미국인 여성 교관이다.

"김선홍 대원님, 결과가 나쁘지 않네요. 그렇지만 우주비행을 하는 동안 골밀도가 낮아졌어요. 골다공증에 걸릴 수 있으니 방심하면 안돼요."

눈인사도 나누기 전에 날아온 지적. 그런데 골다공증이라니! 꼬부랑 할머니가 걸리는 질병 아닌가? 내 마음을 읽기라도 한 듯이 줄리아가 설명을 이어갔다.

"혹시 뼈가 한번 만들어지면 평생 그대로 유지된다고 생각하시는 거예요? 천만의 말씀이에요. 뼈는 변해요. 역동적인 기관이라고요."

나도 모르게 움찔했다.

"여기에 특히 중력이 중요한 역할을 해요. 우리 몸의 뼈는 두 가지 세포로 돼 있고, 이들 사이의 줄다리기로 평형을 유지하고 있어요. 하나는 뼈를 만드는 조골세포고, 다른 하나는 오래된 뼈를 파괴하는 파골세포예요. 파골세포가 오래된 뼈를 없애고 그 자리에 조골세포가 새로운 뼈를 만들지요. 이 과정이 평생에 걸쳐 일어나는데, 약 7년에 한 번씩 오래된 뼈가 새로운 뼈로 바뀌어요. 중력은 이런 과정을 자극해 건강한 뼈를 만들죠. 근데 중력이 없는 우주에서는? 파골세포는 뼈를 많이 파괴시키지만 조골세포는 새로운 뼈를 만들지 못해 뼈가 약해져요."

위로 솟구친 머리카락

미세중력 상태에서는 몸의 모든 기관이 지구에서
와는 다른 반응을 보인다. 뼈와 심혈관계도 마찬
가지다.

줄리아의 설명은 5분간 더 이어졌다. 우주에서는 무중력 때문에 뼈의 칼슘이 빠져 나간다. 우주에서 한 달 정도 생활하면 전체 뼈에서 1% 정도의 칼슘이 빠져 나간다. 3년간 우주에서 생활하면 대략 36%의 칼슘이 몸에서 사라지는 것이다. 칼슘은 우리 몸의 모든 곳에 존재하며 근육의 수축, 골격과 치아 형성, 그리고 근육과 골격을 유지하는 데 중요한 역할을 한다. 이렇게 중요한 칼슘이 사라지면 곧바로 골다공증, 근육 퇴화 등이 일어나고 오래되면 생명마저 위협 받을 수 있다.

우주 생활을 기획하던 초창기부터 무중력 상태에서 뼈에서 칼슘이 빠져나가는 현상을 방지할 대책이 연구돼 왔다. 그러나 운동과 스트레칭, 그리고 약물요법 외에는 이렇다 할 해결책이 없다. 특히 운동은 필수였다. 다만 매일 쉼 없이 하면 내성이 생겨 매번 조금씩이라도 운동 강도를 높여야 한다는 점이 피로했다.

"특히 체중 부하가 많은 척추와 다리뼈가 가장 약해지죠. 그래서 우주에서는 뼈가 부러질 가능성이 지구에 비해 5배 이상 증가한답니다. 주의하세요."

우주 비행을 하는 동안 나는 런닝머신 위에서 달리는 운동을 주로 해왔다. 하나 다른 게 있다면 무중력인 우주에서 중력과 같은 효과를 내기 위해 몸에 고무줄처럼 탄성이 있는 끈을 매달고 달린다는 점이다. 옆에서 보면 우스꽝스럽지만 직접 해보면 꽤나 불편하다. 1996년에 무려 188일 동안 러시아의 우주정거장 미르에 탑승했던 우주인 넌 루시드가 "미르에서 가장 불편했던 것은 밧줄을 매고 런닝머신을 달린 것"이라고 말했는데, 바로 공감이 갔다. 물론

우주운동기구 콜버트

지구와 비슷한 중력을 느끼도록 탄성이 있는 끈
이 달려 있고, 충격을 흡수하도록 진동 제어장치
가 들어 있다. 콜버트를 설치하고 있는 장면.

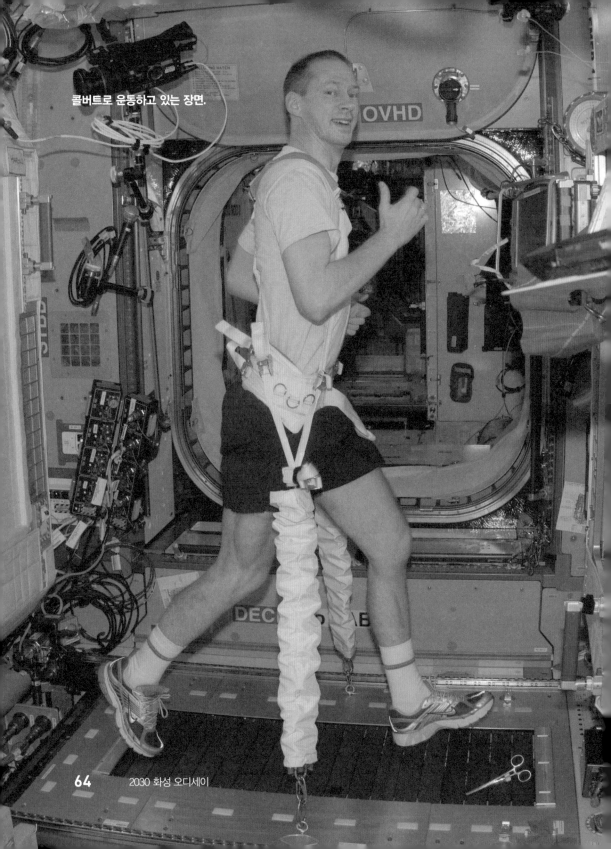

콜버트로 운동하고 있는 장면.

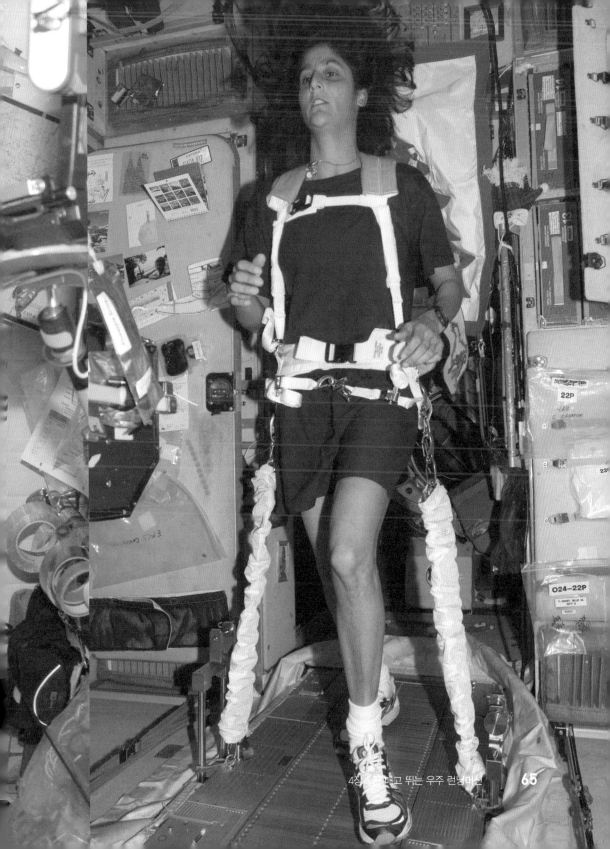

NASA의 우주인 수니타 윌리엄스처럼 2007년 보스턴 마라톤 대회가 열릴 때 우주의 런닝머신에서 지구의 마라토너와 똑같이 42.195km를 완주한 사람도 있지만…. 다행히 화성에서는 체중의 20%에 해당하는 힘으로 당겨주기만 해도 지구에서 달릴 때와 같은 운동효과가 난다니, 화성에 도착하면 좀 나아질 듯하다.

심장을 위협하는 수분 상실

"그나저나 여행하는 동안 갈증이 자주 느껴지지 않았나요?"
나도 모르게 목으로 손이 갔다. "여행 때요? 잘 모르겠어요."

"중력이 사라지면 혈액이 머리와 가슴 부위에 모이거든요. 그러면 이를 느낀 심장이 신장을 통해 체수분을 방출해 버리죠. 몸은 만성적인 수분 손실에 시달리는 거고요."

좀 이상했다. 난 여행 중에 몸에 물이 모자라다는 사실을 별로 느끼지 못했다.

"역시 그렇군요. 무중력 공간에서, 갈증에 대한 욕구는 지구에 비해 떨어져요. 지구에서와 달리 마시는 만큼 다시 소변으로 배출하기 때문에 물을 많이 마셔도 별 소용이 없기도 하고요."

이런 증세는 꽤 위험하다. 충분한 수분을 섭취하지 못하게 하니까. 다행히 화성에 들어온 이후 우리는 자신도 모르게 계속 갈증을 느꼈고, 며칠~몇 주 사이에 다시 원상태를 회복할 수 있었다.

"수분 부족 때문에 운동 능력도 상당히 떨어졌을 거예요."

수분이 부족하니 혈액도 부족하고, 심장은 적은 양의 혈액으로 운동에 필요한 산소와 에너지를 공급하게 된다. 이러니 유산소 운동 능력이 떨어질 수밖에 없다. 물론 우주에서는 여건 상 그렇게 땀 흘려가며 운동할 수는 없지만 말이다.

"그나저나 비타민을 안 드셨다죠? 안됩니다. 운동을 심하게 하면 코티솔이라는 호르몬이 나오는데 근육을 소모시키거든요. 이걸 막아주는 게 비타민 C죠. 또 아시다시피 칼슘 소실을 방지하려면 고강도 운동을 해야 하는데, 비타민 C가 부족하면 고강도 운동이 오히려 근골격계의 퇴화를 초래할 수도 있어요. 더불어 비타민 E는 근육 세포의 손실을 막아주고 회복을 돕기 때문에 비타민 C와 함께 충분히 섭취하셔야만 해요."

오늘은 하루 종일 혼난다. 순간적으로 낯빛이 어두워지자 눈치 빠른 줄리아가 쾌활한 웃음을 지으며 말했다.

"후훗! 너무 염려 마시고 운동에 집중하세요. 걷기나 조깅 같은 유산소 운동은 몸 안 활성산소를 제거하는 데 도움이 됩니다. 하지만 공기 저항이 없는 우주에선 오히려 가장 접하기 어려운 운동 중 하나죠."

줄리아는 런닝머신을 가리키며 말했다.

"그래서 이 콜버트(C.O.L.B.E.R.T.)라는 특수한 장비가 개발됐어요. 개발된 지 10년도 더 됐지만 여전히 우수한 장비예요. 이 장비는 무중력 상태에서 인체에 저항을 주기 위한 끈 말고도 다른 중요한 특징이 있어요. 바로 사람이 달릴 때 지면과 맞닿아 발생하는 충격이 우주선에 전달되지 않는다는 점이에요."

"런닝머신은 다 그렇지 않나요?"

"차원이 달라요. 보통 성인이 런닝머신 위에서 달릴 때 약 270kgf 정도의 힘이 바닥에 가해져요. 집이라면, 1층에서 뛰어도 집안 전체가 진동할 정도의 힘이라고요. 우주선에 이 정도의 힘이 가해진다면? 아마 그 우주선에는 재앙일 걸요? (줄리아는 손으로 뭔가가 폭발하는 시늉을 했다) 그래서, 그 힘을 60분의 1(약 4.5 kgf)로 낮추는 이 기구가 나온 거예요."

교관의 지도에 따라 시간 가는 줄 모르고 운동을 했다. 교관이 건네주는 물을 마시며 잠시 쉬었다. 힘이 들어서인지 지구에 계신 부모님 생각이 났다. 그래, 어머니도 요새 뼈가 약해졌다면서 골다공증 약을 드셨어.

"교관님, 혹시 우주 비행 중에 생기는 골다공증을 예방하거나 치료할 수 있는 약은 없나요?"

"아쉽지만 아직은 없어요. 뼈가 약해지는 속도가 너무 빨라 지구의 골다공증 약을 그대로 사용할 수도 없고요…. 다만, 2011년 아틀란티스 호에 탄 실험용 쥐들을 대상으로 골다공증 신약 실험이 처음으로 수행되었고 이후 많은 연구가 진행되고 있어요. 김선홍 대원님이 다음 우주비행을 할 때에는 신약이 개발됐을지도 모르겠네요."

다음 우주 비행이라…. 미소를 짓는 줄리아의 얼굴을 보니, 다음에도 그녀와 함께 화성에 오고 싶다는 생각이 들었다.

TIP

운동과 음식의 딜레마

우주 여행에서 운동과 음식은 딜레마 관계다. 운동은 근육과 뼈를 강하게 만들지만, 대신 더 많은 열량을 소비하게 만든다. 즉 음식이 더 많이 필요하다. 문제는 우주선이 중량에 민감하다는 사실이다. 음식을 많이 실으면 우주선의 이륙에 문제가 생길 수도 있다. 또 운동 자체도 시간이 걸리는 활동이다. 우주에서 임무를 수행하는 데 지장을 초래한다는 뜻이다. 이래저래 우주에서는 운동을 무조건 많이 하는 게 능사는 아니다. 그래서 우주 여행에 앞서 대원 개인별 음식 섭취량과 운동량 표준을 꼼꼼히 정한다. 운동을 되도록 적게 하고 에너지 소비량 및 섭취량을 최소화하기 위해서다. 물론 이렇게 하고도 우주에서 신체의 구성과 기능이 쇠퇴하지 않아야 한다. 몇 년에 걸친 장기 임무에서는 이 부분이 특히 중요하다. 일설에는 적은 운동량과 에너지 섭취량으로도 신체의 쇠퇴가 적은 대원이 이번 화성탐사 대원에 우선적으로 뽑혔다는 소문도 있다.

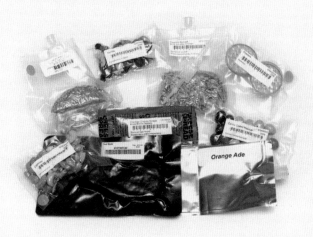

2 부

화성에서
보낸 첫 주

* 이 장에서는 본격적으로 화성에서의 과학 탐사를
다룬다. 처음 화성에 와서 이뤄졌을 실험과 그때의
심정을 묘사한다.

5장

화성에서 보낸 첫 날

태양계 최대의 화산 '올림푸스몬즈'에 가다

문홍규

2007년 연세대학교에서 천문학 박사학위를 취득했으며, 한국천문연구원 책임연구원으로 근무하고 있다. UN 평화적 우주이용 위원회 근지구천체 분야 한국대표로 태양계소천체와 우주감시에 관한 연구를 하고 있다.
fullmoon@kasi.re.kr

우리의 1차 화성 탐사의 최종 목적은 화성에서 실제 거주 가능 여부를 눈과 손으로 확인하는 일이었다. 이를 위해 화성의 지형을 확인하는 과정이 필요했다. 아울러 몇 가지 과학 탐사도 예정돼 있었다. 생명체의 존재를 파악하는 탐사였다. 과거의 유인 달탐사나, 탐사 로봇이 했던 무인 화성 탐사 임무가 있었지만, 인류가 직접 그 땅을 딛고 하는 탐사는 또 다른 도전이었다.

태양계 최대의 화산지대 올림푸스몬즈의 위용.

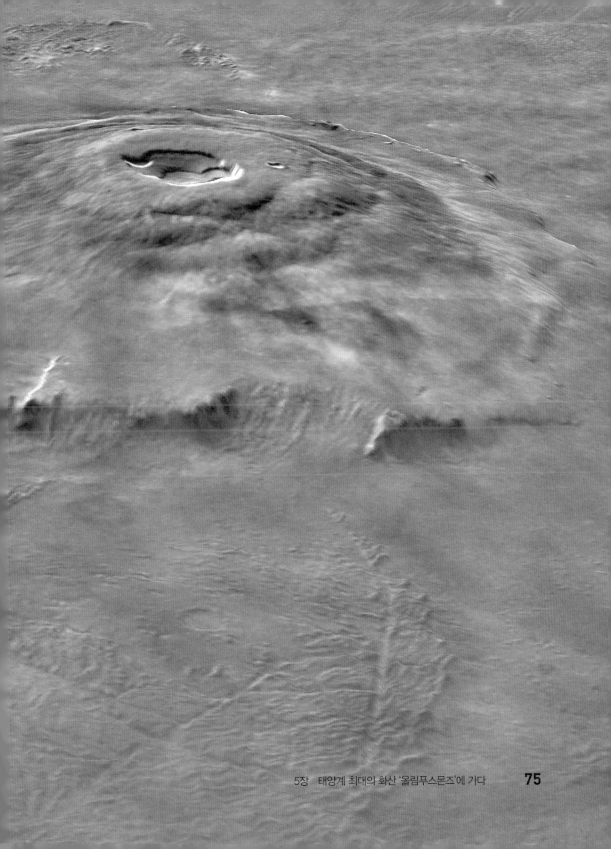

지구를 떠난 지 일곱 달. 목적지 화성은, 처음엔 그저 많은 별 중 하나인 것처럼 보였다. 하지만 일주일에 한 번 꼴로 각 크기를 재면서 종착지에 가까워지고 있다는 사실을 확인할 수 있었다. 착륙을 이틀 앞둔 그제 아침에는 타르시스고원이 손에 잡힐 듯 다가왔다. 한쪽에서 그 반대쪽 끝까지 장장 5000km에 달하는 고원지대! 아르시아, 파보니스, 그리고 아스크리우스 같은 순상화산들이 늘어선 모습이, 도열한 부대의 열병식을 떠올리게 했다.

화성 표면 위를 바싹 붙어 비행했다. 출발 전, 우리는 올림푸스몬즈와 마리너계곡 상공을 저공 활강해 아마존평원에 착륙하는 임무를 배정받았다. 다른 지역에 내리는 임무를 맡은 팀들이 부러움과 질투 섞인 눈으로 우리를 바라봤다. 지구에서 볼 수 없는, 아니 태양계에서도 보기 드문 절경을 지척에서 구경하는 드문 기회를 얻었기 때문이었다.

올림푸스몬즈는 하와이의 화산 마우나로아(10km)의 2.7배, 에베레스트(9km)의 3배 높이를 자랑하는 태양계에서 가장 거대한 화산지대다. 지구에서는 결코 이런 지형이 만들어질 수 없다. 중력이 강해 결국 무너지고 말 테니까.

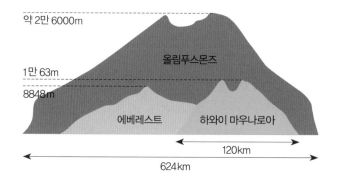

올림푸스몬즈를 지구의 지형과 비교한 그림이다. 거대한 규모가 눈에 들어온다. 실제보다 가로로 압축했다. 에베레스트는 해발고도, 나머지는 바닥부터의 높이다.

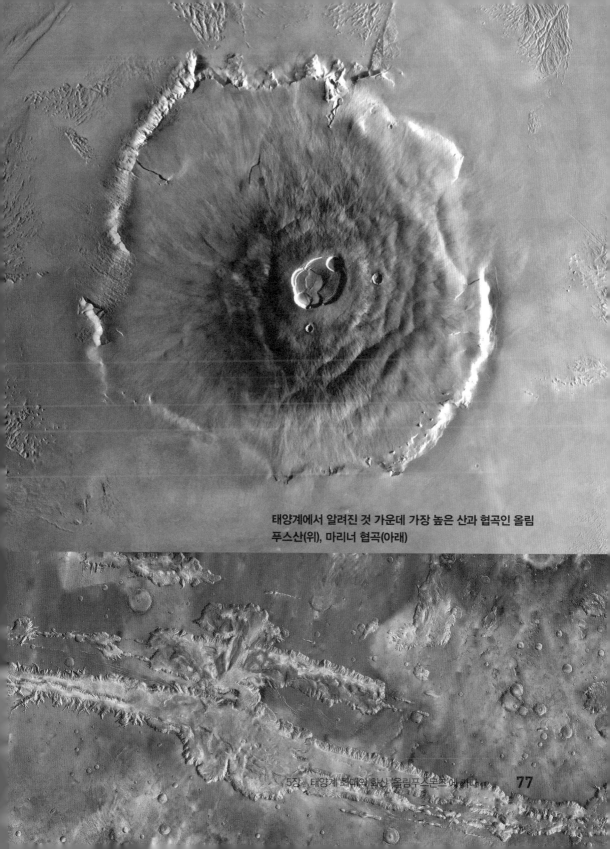

태양계에서 알려진 것 가운데 가장 높은 산과 협곡인 올림푸스산(위), 마리너 협곡(아래)

태양으로부터의거리

2억 2900만 km

1억 5000만 km

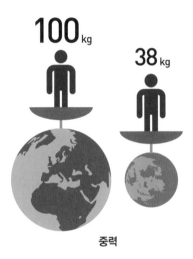

100 kg

38 kg

중력

지구 vs. 화성

지구와 화성은 형제처럼 닮았다. 자전축도 비슷하고, 지표면의 풍경에도 닮은 점이 많다. 하지만 크기가 작고 중력이 약하며 위성의 개수, 대기 조성 등에 차이가 있다.

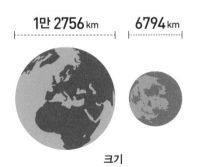

1만 2756 km

6794 km

크기

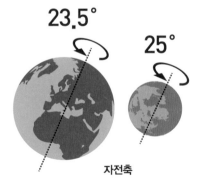

23.5°

25°

자전축

창 밖으로 까마득한 벼랑이 보였다. 숨이 멎는 듯 했다. 마리너 협곡이다. 총 길이 4000km, 폭 200km로 태양계에서 가장 규모가 큰 협곡이다. 북미대륙 서쪽 끝에서 동쪽 끝까지의 길이와 맞먹는 크기로, 지구의 그랜드캐넌은 비교의 대상조차 되지 않는다. 길이가 10분의 1, 깊이는 4분의 1에 불과하기 때문이다.

착륙

일행을 실은 착륙모듈은 속도를 줄여 천천히 하강했다. 행성 표면에서 일어나는 먼지 때문에 선실 밖은 시계가 몇 m도 되지 않았다. 표면중력은 지구의 3분의 1. 먼지 가라앉는 속도가 더디게 느껴졌다.

"5, 4, 3, 2, 1, 터치다운!"

에어록을 열고 땅을 밟았다. 7개월 반 동안 좁은 선실에 감금됐던 우리는 터질 것 같은 해방감에 목이 쉬어라 소리를 질러댔다. 지상국 보고를 위해 체중을 재보니 28.1~28.2kg 사이를 오락가락했다. 떠나기 직전 몸무게는 74kg! 중력이 3분의 1이니 체중도 줄었다. 100kg인 거구도 화성에 오면 38kg의 저체중 환자가 되고, 점프를 해도 3배는 더 뛸 수 있다. 동료가 엄지를 치켜 올리며 말했다.

화성에서 본 지형

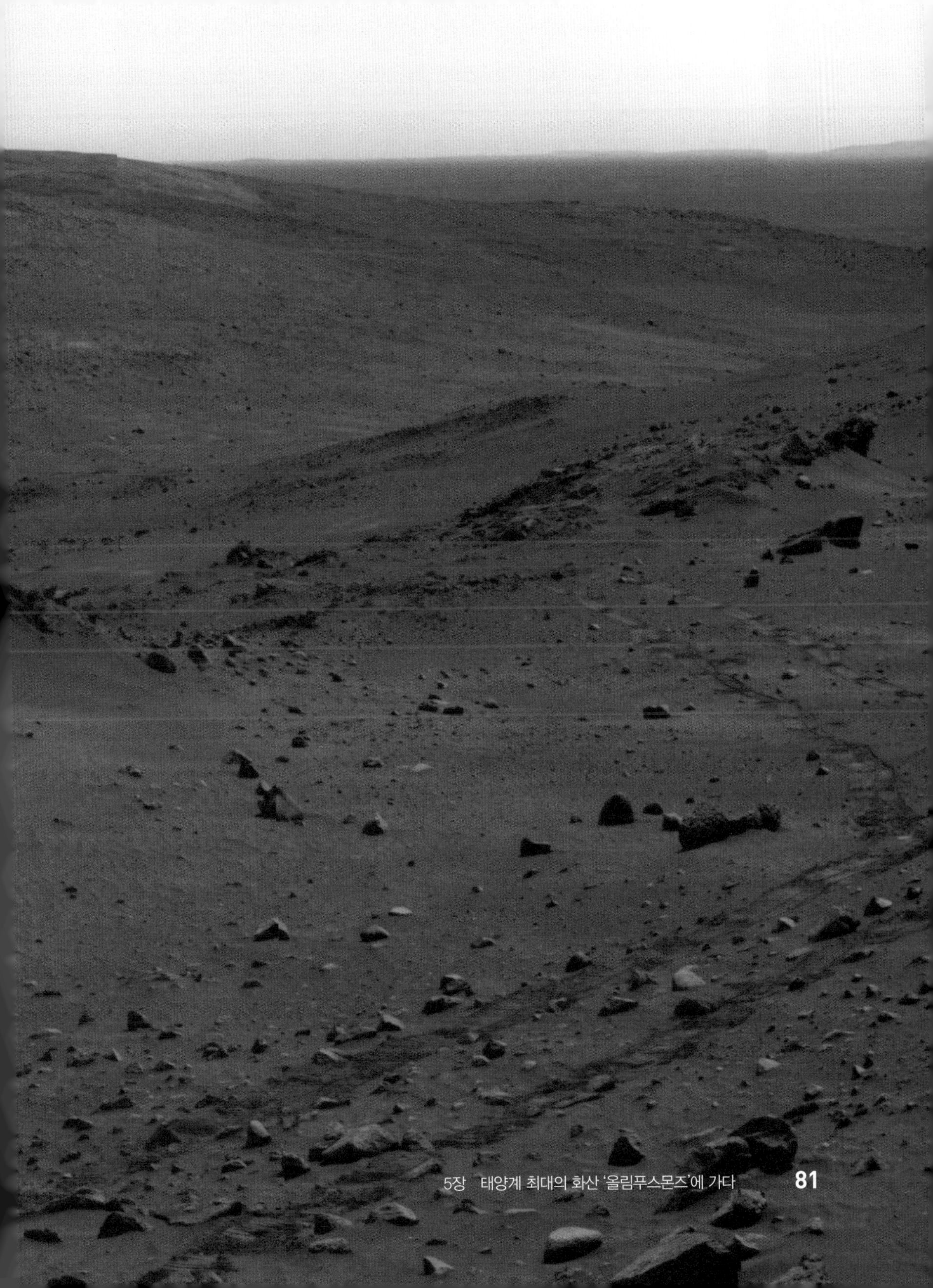

"내가 뭐랬어, 지구에서 3m 덩크슛을 한다면,

　여기서는 9m까지 뛸 수 있다니까!"

　지금은 화성 북반구의 여름, 화성 시간으로 막 오후 2시를 넘긴 한낮이다. 여기서 하루(쏠 = sol)는 지구 시간으로 24시간 40분에 해당한다. 1년은 지구 날짜로 687일, 곧 670쏠이다. 화성의 나이로 계산하면 어려진다. 지구에서 만 32세였던 나는 화성에서 열일곱 살로 다시 태어난다.

　오후 내내 실험모듈에 온습도계와 구름 센서, 풍향풍속계, 전천카메라를 설치했다. 데이터가 잘 들어오는지 점검한 뒤에야 한시름 놓을 수 있었다. 이어 지질학자인 동료가 암석과 흙 시료를 채취하는 일을 도왔다. 그녀는 2주 동안 이 지역의 표토에 미소운석(micrometeorites)이 포함됐는지, 그리고 우주환경 때문에 특성이 변했는지를 조사하기로 했다. 놀랄 만한 자료가 앞으로 몇 달 동안 쏟아져나와 지구에 남은 동료들을 기쁘게 할 것을 생각해서인지, 그녀의 표정도 밝았다.

대기

　우리가 안착한 지역은 아마존평원 남단이었다. 거기서 발을 딛고 있는 지표면은 온도가 섭씨 21℃까지 올라갔다. 하지만 불과 2m가 채 안 되는 머리 위는 0℃다. 발 밑은 여름, 머리꼭대기는 겨울인 낯선 세계! 이를 극복하기 위해

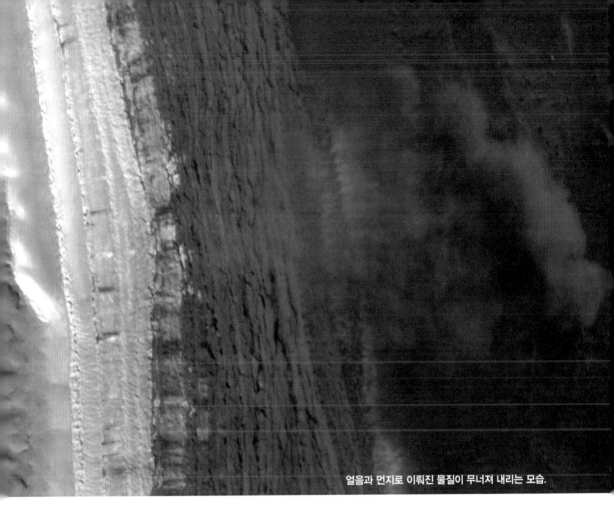

얼음과 먼지로 이뤄진 물질이 무너져 내리는 모습.

우리는 특수 제작한 화성 우주복을 입고 있었다. 시설물을 짓거나 정교한 작업을 하는 우주인이 편하게 일할 수 있게 만들어졌다. 화성 표면기압은 지구 25km 상공과 같기 때문에 이에 맞춰 설계됐고, 극지 최저기온(영하 143℃)부터 적도지방의 최고기온(27℃)까지 견딜 수 있다.

만일 화성에서 우주복을 입지 않으면 어떤 일이 벌어질까? 화성의 대기는 95%가 이산화탄소로 돼 있다. 나머지는 질소 3%, 아르곤 1.6%이고, 산소는

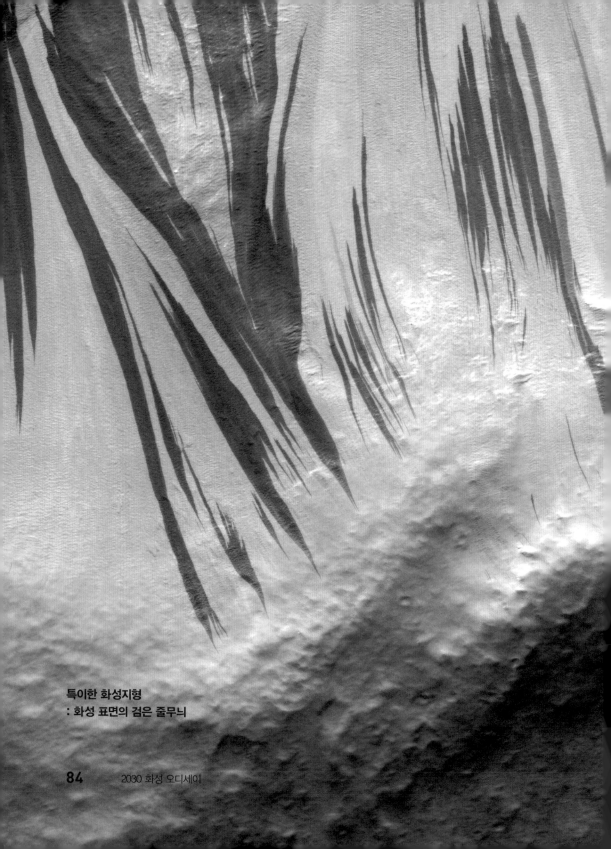

특이한 화성지형
: 화성 표면의 검은 줄무늬

2030 화성 오디세이

극미량에 불과하다. 따라서 우주복 없이는 당장 호흡곤란이 오고, 화성 대기에 몸이 그대로 노출될 경우 우리는 3분 안에 숨을 거두게 될지도 모른다.

하지만 그보다 먼저 저온으로 생명을 잃을 가능성이 높다. 기온뿐이 아니다. 화성은 표면기압은 8hPA(헥토파스칼. 대기압에 많이 쓰이는 밀리바(mb)와 같은 단위)로, 지구의 100분의 1에도 못 미친다. 우주복을 입지 않는다면 온몸의 장기들이 살갗을 밀어내 영화 '고스트버스터즈'에 나오는 괴물처럼 온몸이 부풀어 오르고, 더 끔찍한 상황을 맞을 수도 있다.

한두 시간 전부터 모래바람이 불기 시작하더니 이내 아무것도 보이지 않게 됐다. 화성은 자전축이 25° 기울어져 있기 때문에 계절변화가 있다. 국지적인 온도차 때문에 생기는 모래폭풍(먼지폭풍이라고도 말한다)은 여름철 남반구에서 더 심하다. 이 돌발적인 현상은 단 몇 시간 만에 일어나 며칠 사이에 화성 전역을 뒤덮은 뒤 수 주간 계속된다.

하지만 화성은 기압이 낮아 폭풍이라 해도 실제로는 미풍에 가깝다. 모래먼지 때문에 태양전지판의 출력이 떨어질 수는 있지만, 인체나 전자기기에 미치는 영향에 관해서는 알려진 게 없다. 오래 전에 모로코 사막에서 겪은 일이 떠올랐다. 모래바람이 불었다. 얼굴을 온통 천으로 감쌌지만 콧구멍과 눈가, 그리고 입 안에 이물감이 가득했다. 그 감각이 되살아나 밭은 기침이 나왔다.

일몰

저녁 7시. 어느새 기온이 뚝 떨어졌다. 장밋빛 하늘을 배경으로 두 개의 위성이 시야에 잡혔다. 포보스는 지구로 치면 정지위성보다 낮은 궤도(5989km)를 돌기 때문에 모행성인 화성이 자전하는 것보다 빨리 공전한다(지구의 저궤도위성과 정지위성을 생각하면 쉽다!). 화성에서 관측하는 사람이 보기에는 서쪽에서 동쪽으로 움직이는 것으로 보인다. 데이모스는 화성의 자전과 자신의 공전으로 인해 2.7일을 주기로 동쪽에서 떴다가 서서히 서쪽 지평선으로 지는 것처럼 보인다. 두 달의 공전주기는 11시간과 30시간으로, 먼 과거에는 소행성이었다가 화성 중력에 포획된 것으로 생각되지만 그 기원은 아직 확실치 않다.

화성의 낮 하늘은 오렌지색에서 진홍색을 띠는데, 일출과 일몰 때에는 장밋빛에 가깝다. 이때 태양 주변은 푸른색으로 보이지만 물 얼음입자가 떠 있으면 빛의 산란으로 보라색으로 변한다.

긴 하루가 갔다. 창 밖으로 위성 포보스가 보인다. 지구에서 보는 달의 3분의 1 크기다. 모래바람이 포보스를 집어삼킬 기세다. 화성으로 출발하기 전에 외우도록 읽고 또 읽었던 매뉴얼의 내용이 떠올랐다. 화성에서 보는 태양은 '지구의 태양'의 8분의 5 정도 크기고 40% 어둡다. 내일 보는 첫 일출은 어떨까. 화성에서 처음 맞을 아침을 기대하며 이른 잠을 청했다.

화성에서 맞는 아침(위)과 저녁. 느낌이 낯설다. 태양이 더 작고 어둡게 보인다.

　　2030 화성 오디세이

큐리오시티가 본 화성의 일몰

6장

생명탐사

화성 동토층에도 미생물이 살고 있을까

이유경

1998년 서울대에서 생물학 박사학위를 취득했다. 한국해양과학기술원 부설 극지연구소 책임연구원, 북극이사회 '북극 모니터링 및 평가 프로그램 작업반' 한국대표단, 국제북극과학위원회 실행위원, 국제영구동토층협회 한국대표, 한국우주생명과학연구회 총무로 활동 중이다. 북극 미생물이 화성의 조건에서도 살 수 있는지 연구 중이다.

yklee@kopri.re.kr

이창수

서울대에서 화학공학 박사학위를 취득했다. 미국 MIT에서 박사후 연구원을 지낸 후 2004년부터 충남대 화학공학과 교수로 재직하고 있다. 2009년 미국 하버드대 교환교수를 지냈다. 2010년부터 NASA의 우주과학 연구팀 ACE(advance colloid experiment)의 한국 대표 과학자로 참여하며, 국제우주정거장에서의 우주과학 실험과 연구를 하고 있다.

rhadum@cnu.ac.kr

벌써 화성에서 맞이하는 일곱 번째 아침이다. 맨 눈으로 볼 수 있을 정도로 약한 햇빛이 우리가 화성에 와 있다는 사실을 새삼 깨우쳐줬다. 한가하게 햇빛이나 감상하고 있을 때가 아니다. 오늘부터 정말 중요한 실험이 기다리고 있다.

지난 한 주는 화성의 동토층에 구멍을 뚫어 토양 코어를 얻었다. 위성 원격탐사 데이터를 분석해 보면 화성의 중위도 지역에 폴리곤(polygon) 지형이 있다. 폴리곤은 표면이 마치 다각형 퍼즐처럼 조각나 보이는 지형으로, 지구의 북극에서 볼 수 있다. 그곳이 동토층임을 짐작하게 하는 흔적이다. 화성은 밤이면 온도가 영하로 내려가기 때문에 극지뿐만 아니라 저위도 지역도 땅속이 얼어붙은 동토층이 된다. 우리가 착륙한 올림푸스몬즈도 이미 오래 전에 화산 활동을 멈추고 동토가 됐다.

토양 코어 채취는 지구의 남극과 북극에서 수없이 훈련한 작업인데도 정작 화성에서는 생각처럼 쉽게 되지 않았다. 지난 일곱 달 동안 지구에서 화성까지 비행을 하며 근육이 약간 감소해서 그랬는지, 아니면 우주선에서 미세중력 상태에 있다가 중력이 다시 작용하는 화성에 와서 그런지, 코어링 장비를 다루는 일이 훈련 때보다 힘들었다. 우리가 이번에 사용한 장비는 아이스브레이커(Icebreaker)라는 이름의 드릴로 동토를 지름 3cm로 1m 깊이까지 뚫는다. 지구의 남극 드라이밸리에서는 한 시간 정도면 1m를 거뜬히 뚫었는데 여기서는 첫 번째 코어를 얻는 데 세 시간이나 걸렸다. 다행히 지질학자인 동료의 도움을 받으며 1m 정도의 코어 열 개를 얻어 오늘부터 분석에 들어가게 됐다.

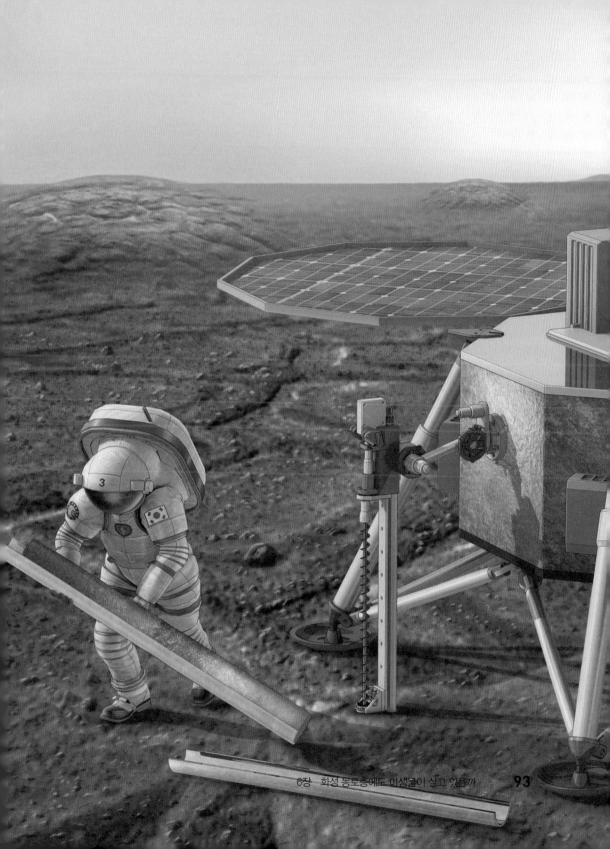

큐리오시티, 말라버린 강을 발견하다

동토 코어를 얻고 보니, 문득 지난 10여 년 동안의 치열했던 논란과 연구가 떠올랐다. 화성에 생명체가, 혹은 생명체의 흔적이 존재할 수 있다는 정보와 존재하지 못할 것이라는 정보가 교차하면서 궁금증을 더해갔던 시간들. 화성에 직접 사람이 가 보면 좋았겠지만 당시에는 화성에 오고, 이곳에서 살며, 다시 지구로 안전하게 귀환할 만한 기술과 용기가 없었다.

하지만 우리가 가만히 기다리고만 있던 것은 아니다. 사람을 대신할 수 있는 탐사 및 실험 로봇을 거푸 만들어 보냈다. 화성 토양의 원소를 분석하고 여러 가지 입자와 유기물을 실험하며, 상세한 지형도를 그릴 수 있는 뛰어난 로봇이었다. 그 중 대표적인 로봇이 2012년에 화성에 착륙한 큐리오시티였다. 큐리오시티는 뛰어난 성능을 갖춘 탐사로봇이자, 움직이는 최첨단 과학실험실이었다.

큐리오시티를 화성에 보낼 때 우리는 화성에서 생명체의 흔적인 탄소와 물의 존재 여부를 확인할 수 있을 것으로 기대했다. 큐리오시티 이전에 간 탐사선들이 잇따라 화성의 대기에 메탄이 존재할 가능성이 있다고 알려왔기 때문이다. 생명체가 존재할 수도 있다는 신호였다. 큐리오시티의 초정밀 분석 장비는 이런 가능성을 충분히 확인해줄 수 있었다. 하지만 의외의 결과가 나왔다.

▶
과학자들이 화성 중에서도 동토층이 존재할 확률이 높은 지역을 연구해냈다.
화성의 아마조니스 평원 중 한 부분에서 폴리곤 지형이 발견된 곳이다.
위성 탐사 결과 운석 충돌에 의해 물로 보이는 물질이 나온 곳이기도 하다.

얼음이 존재할만한 곳

아마조니스 평원

올림푸스몬즈

얼음이 존재할만한 곳

북극지방의 동토(1)와 화성 탐사 로봇 스피릿이 촬영한 화성 표면(2, 3). 규소질이 보인다.

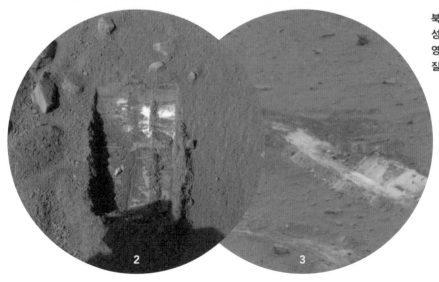

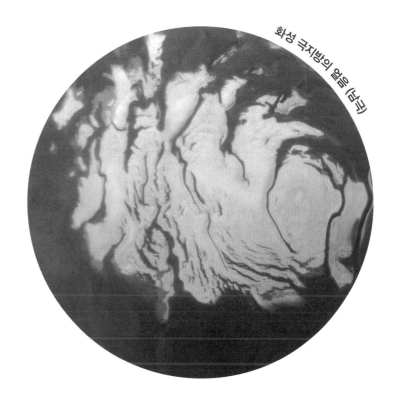

화성 극지방의 얼음 (밝음)

화성의 대기에 메탄이 존재하지 않는다는 사실이 확인된 것이다. 화성에서 생명체를 찾을 가능성은 물거품으로 돌아가는 듯 했다.

다행히 곧바로 반전이 일어났다. 2012년 9월, 화성에서 물이 흐른 흔적을 발견했다. 화성에도 강이 흘렀고, 그에 따라 지구처럼 자갈과 모래가 엉겨서 굳어진 수성암(水成岩)이 만들어졌다는 흔적이 있었다. 지구의 수성암과 아주 비슷한 암석이었다. 이전에도 화성에는 물이 흘렀다는 증거는 많았지만 이렇게 직접적으로 물이 흐른 강 바닥의 자갈과 바위를 발견한 것은 처음이었다. 큐리오시티의 놀라운 발견은 다시 우리에게 희망을 줬다. 우리와 같은 고등생명

큐리오시티가 사암(砂岩)에 구멍 뚫은 장면

체는 아니더라도 미생물 혹은 단세포 생물은 여전히 존재할지도 모른다는 희망이었다. 생물이 아니더라도 생명의 근간이 되는 물과 탄소의 흔적은 찾을 수 있을지도 몰랐다.

아쉽게도 큐리오시티는 기대했던 유기물을 찾지 못했다. 하지만 과학자들은 이것이 화성에 생명체가 없어서라고 단정짓지 않았다. 지표면에서 생명의 흔적을 찾지 못한 다른 이유가 따로 있을 것이라고 생각했다. 바로 강한 자외선이었다. 화성은 대기가 얇어서 지표면에 강한 자외선이 들어온다. 만약 과거에 환경이 좋았을 때 화성에 생명체가 살았더라도 자외선은 남아 있던 유기물을 모두 분해했을 것이다. 하지만 자외선이 미치지 않는 땅속이라면 어떨까. 혹시 아직도 미생물이 살고 있지 않을까. 최소한, 생물이 살았던 흔적이 남아 있을지도 모른다. 실제로 지구의 꽁꽁 얼어 있는 동토층에는 지금도 수천 종의 미생물이 살고 있다. 그것이 바로 우리가 화성을 방문해 동토 코어를 채취하기로 결심한 계기다.

과학자들이 화성 중에서도 동토층이 존재할 확률이 높은 지역을 연구해냈다. 화성의 아마조니스 평원 중 한 부분에서 폴리곤 지형이 발견된 곳이다. 위성 탐사 결과 운석 충돌로 물로 보이는 물질이 나온 곳이기도 하다.

화성 생명체도 DNA 갖고 있을 듯

떨리는 손으로 코어를 옮겼다. 이 코어에서 생명체의 흔적을 찾으려면 특수 분석 장비를 이용해야 한다. 우리가 분석할 생체 분자는 단백질, 지질, 탄수화물, DNA 그리고 다양한 유기물이다. 이를 위해 솔리드(SOLID, Signs of Life Detector)라는 장비를 준비했다. 솔리드에는 단백질, 지질, 탄수화물, DNA, 유기물 등과 결합하는 300여 종류의 항체가 들어있다. 이들 항체는 해당하는 물질에 달라 붙어 형광 빛을 낸다.

우리는 토양 코어를 깊이에 따라 5cm씩 자른 뒤 각각 0.5g 정도의 토양을 채취해 솔리드 장비에 넣었다. 토양 시료는 버퍼 용액 안에서 초음파에 의해 잘게 부숴질 것이다. 토양 안에 만약 생체 분자가 있다면 이 분자는 마이크로 칩에 붙어 있는 항체와 결합할 것이다. 형광 빛을 내는 또다른 항체가 생체 분자에 다시 결합하면 특수한 CCD 카메라가 이를 포착할 것이다. 우리는 이 과

목성의 위성 유로파의 깊은 지하 바다를 탐색하는 탐사선의 상상도

만약 엔셀라두스 등 물이 있는 위성을 탐사한다면,
이런 잠수함 형태의 탐사선이 필요할 것이다.

정을 통해 어떤 종류의 생체 분자가 토양에 있었는지 정확히 알 수 있다. 이미 지구에서 가장 건조한 지역인 칠레의 아타카마 사막과 남극의 드라이밸리에서 이 분석 장비를 테스트해 성공적인 결과를 거둔 적이 있다.

만약 화성의 땅속에서 생체 분자를 확인하면, 바로 PCR(Polymerase Chain Reaction, 중합효소 연쇄반응)로 DNA를 증폭하고 염기서열을 분석해 어떤 종류의 생물이 살고 있는지 알아 볼 것이다. 이런 실험은 화성의 생물이 지구의 생물처럼 DNA를 지니고 있다는 가정을 바탕으로 하고 있다. 물론 화성에 지구와 전혀 다른 종류의 물질대사를 하는 생명체가 존재할 가능성도 있다. 하지만 지구와 비슷한 시기에 비슷한 재료와 방법으로 만들어진 행성이기에 화성에는 지구와 비슷한 종류의 생명체가 존재할 확률이 더 높다는 것이 우리의 생각이다.

외계 생명체가 존재할 가능성은 화성 외에도 여러 곳에서 제기되고 있다. 예를 들어 금성의 구름 속이다. 하지만 과학자들은 뜨거운 곳보다는 차가운 곳에 더 주목하고 있다. 목성의 위성 유로파나 토성의 위성 엔셀라두스가 바로 그런 곳이다. 2005년 토성 탐사선 카시니 호는 엔셀라두스 남극에서 어떤 물질이 분출되는 사진을 보내왔고, 이온중성질량분석기로 분석한 결과 분출물의 90%가 수증기라는 사실을 알게 됐다. 여기에는 이산화탄소와 메탄도 포함돼 있었다. 생명체가 존재하기 좋은 조건이었다.

엔셀라두스의 중력 측정결과 대략 30~40km 두께의 얼음 밑에 대략 10km 깊이의 액체가 존재한다는 사실도 알게 됐다. 만일 이 액체가 엔셀라두스 남극에서 방출된 물질과 같은 성분이라면 지표면에 물로 구성된 바다가 있다는 뜻이다. 언젠가 엔셀라두스를 탐사할 탐사선이 만들어진다면 원자력 에너지를 이용해 얼음을 뚫고 들어가 바다 속을 탐험하는 잠수함이 될 것이다.

20세기가 시작될 무렵, 인류는 아무 것도 살 수 없을 것이라 믿었던 심해저에서 생명의 오아시스인 열수구(熱水口)를 발견했다. 마찬가지로 엔셀라두스의 깊은 바다 속에서 생명체를 만나게 되지 않을까. 화성 탐사가 끝나면, 아무래도 나의 다음 목표지는 엔셀라두스가 될 것 같다.

TIP

엔셀라두스와 태양계의 위성들

엔셀라두스는 지름이 겨우 500km밖에 안 되는 토성의 위성이다. 달의 약 7분의 1 크기로, 지구로 가져오면 동해에 툭 던져둘 수 있을 정도다. 작기 때문에 과학자들은 이 위성이 아주 안정돼 있을 것이라고 생각했다. 크면 모행성인 토성의 중력 영향을 받지만, 작으면 그 영향이 작기 때문이다. 중력 영향이 크면, 위성을 한쪽으로 당기는 작용이 거푸 일어나기 때문에 내부의 물질이 마찰열을 일으킨다. 마찰열은 곧 천체 내부의 화산 활동으로 이어지고 뜨거운 열로 얼음이 녹거나, 심하면 모든 물을 증발시킨다. 태양에서 먼 행성의 위성에서도 뜨거운 환경이 존재하는 것이다. 하지만 엔셀라두스는 워낙 작아 이런 활동에서 예외라고 생각했다.

그런데 토성 관측 위성 카시니 호의 관측을 통해 남극 지역에서 물과 얼음으로 된 강력한 분출 현상을 보인다는 사실이 확인됐다. 원인은 알 수 없지만 내부에서 물이 뚫고 나오는 작용이 존재한다는 뜻이다. 현재 엔셀라두스는 적당한 물이 존재할 가능성이 있는 중요한 위성으로 재평가 받고 있다. 물이 존재하고 적당한 온도가 있다면 생명체가 존재하거나, 또는 인류가 찾아가 살 가능성이 있기 때문이다.

엔셀라두스(위)와
엔셀라두스의 표면(아래)

엔셀라두스 극지방 얼음 분출 모식도(위)
엔셀라두스의 얼음 분출(아래)

Cassini image (brightness enhanced)

Simulation of curtain eruption overlaid on Cassini image

최근 우주생물학자들은 화성 다음 목표로 생명체가 살 수 있는 환경을 지닌 태양계의 위성에 주목하고 있다. 대표적인 게 엔셀라두스이고, 목성의 위성 유로파도 주목할만한 후보다. 특히 유로파는 적당한 온도의 조석 가열(중력에 의한 조석력으로 내부 마찰열 발생하는 현상)이 일어나며, 지구보다 2~3배 풍부한 물이 있는 것으로 알려져 있다. 유로파 역시 내부 바다가 존재할 강력한 후보로, 이 책의 마지막에 보면 심우주 탐사를 위해 유로파를 목표로 정하는 장면이 나온다.

목성의 위성 가운데 가니메데 역시 지하에 얼음과 물로 된 바다가 존재한다는 사실이 최근 확인됐다. 가니메데는 태양계에서 가장 큰 위성인데, 그 내부에 존재할 물의 양도 궁금함을 일으킨다.

토성의 제1 위성이자 태양계 제2 위성인 타이탄은 또다른 의미에서 생명체를 부른다. 이곳은 액체 물은 별로 없지만 액체 메탄이 존재한다. 탐사선 카시니 호의 관측 결과 메탄이 커다란 호수를 이루고 있는 곳이 많이 있으며, 두터운 대기 아래로 메탄 비가 내리고 있다. 비록 물은 아니지만(영하 180도 정도로 매우 추워 물이 액체로는 존재할 수 없다) 액체 유기물의 순환이 있는 것이다. 단단한 암석 지표면도 있다. 그래서 과학자들은 이곳에서도 물 대신 메탄을 이용하는 지구와 다른 생명체가 혹시 생존할 가능성이 있는지, 그리고 인류가 이곳에서 생활할 수는 없을지 연구를 계속하고 있다.

타이탄

타이탄 내부의 액체
메탄 호수

타이탄(노란 천체)과 엔셀라두스(작고 흰 천체)

움직이는 화성 실험실, 큐리오시티

큐리오시티는 2012년 화성에 가 지금도 활동 중인 탐사로봇이다. 약 900kg의 육중한 몸체는 지형 지질을 연구할 수 있는 연구 장비로 꽉 차 있다. 화성 지형을 초당 10장의 컬러 동영상으로 촬영하는 고해상도 카메라, 바위와 토양에 존재하는 화학 원소들을 분석할 수 있는 알파 입자 엑스레이 분광기, 먼 거리에 위치한 바위와 흙에 레이저를 쏴서 1mm 크기로 원소 조성을 분석할 수 있는 화학카메라는 기본이다. 미네랄 성분을 분석할 수 있는 케민분석기, 토양의 시료를 835℃까지 가열해 물과 같은 휘발성 물질들을 기화시킨 뒤 그 성분을 분석해 탄소의 존재를 확인하는 샘분석기, 양성자, 이온, 중성자 및 감마선을 이용해 화성 표면의 물질을 분석할 수 있는 방사능 평가 검출기도 있다. 물의 흔적을 확인하기 위한 중성자 분석기도 있다. 지표면에 충격을 가해 흙과 바위 속 물질의 오비탈에서 중성자가 빠져나오게 한 뒤 이를 측정하는 장비다. 그 밖에 바람의 세기 및 방향, 압력, 습도, 온도, 대기 온도 및 자외선 양을 측정하는 렘스분석기가 있다.

큐리오시티의 바퀴

2012년 발사된 화성 탐사 로봇 큐리오시티(위). 큐리오시티가 발견한 화성 암석(왼쪽)은 지구의 수성 암(맨 오른쪽)과 비슷하다.

3부

2차 탐사

화성 거주 프로젝트

* 3부에서는 화성 이주를 위한 본격적인 우주공학을 다룬다.

최기혁

항공우주의 미래를 준비하는 과학자. KAIST에서 항공 전공으로 석사학위를, 영국 런던대에서 고층대기로 천문학 박사학위를 받았다. 항공우주연구원에서 연구하며 한국우주인배출사업단장을 역임했고, 미래융합기술연구실장을 거쳐 현재 달 탐사연구단장을 맡고 있다.

gchoi@kari.re.kr

미국의 민간 우주항공사 XCOR이 개발한 액체 메탄 추진체. 메탄은 우주에서 장기간 보관이 가능하고 화성에서 제조가 가능해 화성 탐사에 유리하다.

7장

화성행 우주선

'우주 트랜스포머'
화성탐사선

2차 화성 유인 탐사대는 규모가 컸다. 2035년 이뤄진 이 탐사는 1차 탐사 결과를 면밀히 분석한 뒤에 좀 더 큰 규모로, 좀 더 치밀하게 꾸려졌다. 우리의 목표는 화성을 그냥 방문하는 게 아니라, 그곳에서 장기적으로 거주할 방법을 찾는 것이었다. 화성에 기지를 세우고, 규모를 점점 키워 여러 명이 살 수 있게 하고, 나아가 그 안에서 안정적으로 여러 세대를 이어 가며 살 방책을 마련하는 게 목표였다. 이를 위해 작은 거주지를 만드는 일부터 화성을 지구처럼 바꾸는 일(테라포밍)까지 다양한 방법이 논의됐다. 나는 국제 화성탐사대 12명의 일원으로 탐험에 나섰다. 화성탐사 우주인으로 선발된 지 10년 만의 일이었다. 12명의 우주인들은 미국 케네디우주센터에서 100t의 화물을 지구 저 궤도에 올릴 수 있는 강력한 SLS 로켓을 타고 우주로 향했다. 우리는 발사 10분 만에 고도 200km의 궤도에 도달했고, 본격적인 무중력을 경험했다.

반나절 후 400km 궤도로 올라갔다. 그곳에서는 1주일 전 발사돼 궤도에 머무르고 있던 여러 우주선들이 기다리고 있었다. 미국, 일본, 러시아 등 전세계의 많은 국가들이 이번 화성탐사에 참여하면서 쏘아 보낸 화물선과 착륙선, 우주선들이었다. 한국도 개량형 한국형발사체 KSLV-3에 자체 개발한 각종 컴퓨터와 통신장비, 화성차량 등 50t의 화물을 실어 고흥 나로센터에서 발사했다. 우리는 발사 후 1주일 동안 400km 궤도를 계속 돌며 각국의 화물선과 도킹과 분리를 반복하면서 화성탐사 우주선을 조립했다. 한국의 화물선은 셋째 날 만났다. 도킹하기 위해 접근하는 화물선 기수에 선명한 태극기를 보자 가슴이 뭉클해졌다.

이렇게 조립된 화성탐사선은 총 650t 규모로 매우 컸다. 탐사선은 모두 5개

의 모듈로 구성돼 있었다. 여행 중에는 우주인이 살고 화성에 도착해서는 궤도를 선회하게 될 사령선이 되는 '주거 및 지구귀환모듈(100t)', 화성에 착륙하고 귀환할 때 사용되는 '착륙 및 이륙모듈(50t)', 2년간 필요한 음식, 산소, 물과 각종 장비를 실은 '화물모듈(200t)', 추진을 담당하는 '메탄 로켓엔진 및 연료모듈(200t)', 그리고 전력을 생산하는 '태양전지판 및 원자력발전모듈(100t)'이었다.

　탐사선은 메탄(CH_4)을 주요 추력원으로 썼다. 메탄은 연료의 성능을 나타내는 '비추력'이 363초로 수소(455초)보다는 떨어진다(비추력은 높을수록 좋다). 하지만 한국형발사체에서 사용하는 등유(358초)와 비슷하고, 수소와는 달리 우주에서 장기간 보관이 가능하다는 점이 장점이었다. 무엇보다 화성 현지에서 대기 중의 이산화탄소와 지표의 물을 이용해 쉽게 생산할 수 있어 귀환 시 연료 걱정을 덜 수 있다. 미국을 중심으로 원자력 로켓과 플라스마 로켓이 개발되고 있지만, 아직 몇 년은 더 기다려야 한다. 따라서 이번 탐사에서는 신뢰성이 높은 메탄엔진을 사용한 것이 여러모로 합리적인 선택이었다. 아마도 멀지 않은 미래에는 원자력 로켓과 플라스마 로켓을 화성 탐험에 사용할 수 있을 것이다. 그 때가 되면 화성까지의 편도 비행기간이 6개월에서 3개월 이내로 단축될 것이고, 십수 년 내로 목성까지도 탐사할 수 있을 것이다.

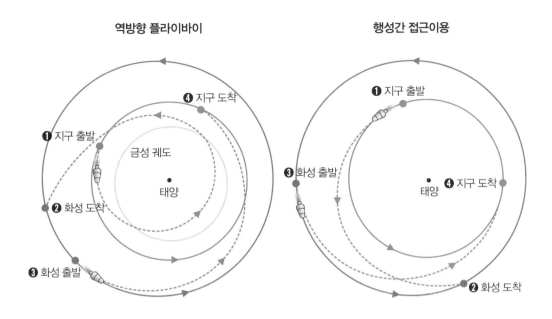

역방향 플라이바이

❶ 지구 출발
❷ 화성 도착
❸ 화성 출발
❹ 지구 도착
금성 궤도
태양

행성간 접근이용

❶ 지구 출발
❷ 화성 도착
❸ 화성 출발
❹ 지구 도착
태양

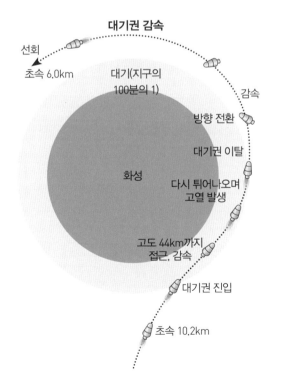

대기권 감속

선회
초속 6.0km
대기(지구의
100분의 1)
감속
방향 전환
대기권 이탈
화성
다시 튀어나오며
고열 발생
고도 44km까지
접근, 감속
대기권 진입
초속 10.2km

화성, 접근에서 선회까지

지구에서 화성에 접근하는 방법은 크게 두 가지다. 금성을 거쳐 화성에 가는 '역방향 플라이바이 궤도' 방식(위 왼쪽)과 지구와 화성 사이의 접근을 이용하는 '행성간 접근이용 궤도' 방식(위 오른쪽)이다. 이렇게 일단 화성에 접근하면, 그 뒤에는 마치 물수제비 뜨듯 화성 대기에 부딪혀 감속하는 대기권 감속 기술로 속도를 줄인다(아래). 탐사선은 마치 위성처럼 화성 주위를 선회하게 된다.

지구-화성 대접근 이용해 6개월 만에 도착

지구에서 화성까지 비행궤도에는 크게 두 가지의 비행궤도 방식이 있다. 금성을 거쳐 화성에 가는 역방향 플라이바이 궤도(Opposition Venus Fly-By Orbit) 방식과, 행성들끼리 서로 접근하는 순간을 이용해 훨씬 빠르게 도착하는 '행성간 접근이용 궤도(Conjunction Orbit)' 방식이다. 이번 임무에 활용된 것은 행성간 접근이용 궤도 방식이었다. 이 방식은 빠르면 약 6개월 만에 화성에 갈 수 있어 비행 시간을 거의 절반 가까이 줄일 수 있다. 우리는 2035년에 온 대접근을 이용했다.

6개월간의 비행은 즐거운 편이었다. 우리는 매일 지구의 본부와 교신을 하며 지시를 받거나 상황을 보고했다. 매일 우주선을 점검·수리했으며 1주에 한 번은 우주선 밖에 나가 우주 유영을 하며 외부 선체의 이상 유무를 확인했다. 또 뼈와 근육 손실을 방지하고 건강을 유지하기 위해 매일 2시간 동안 운동을 했다. 화성착륙과 착륙 후의 활동, 비상사태에 대비한 훈련도 잊지 않았다. 즐거운 식사와 지구에 있는 가족과의 통신시간은 가장 행복한 시간이었다.

화성에 접근하자 탐사 기간 중 가장 중요한 대기권 감속(Aerobraking)을 했다. 지구에서 화성에 가기 위해서는 초속 10.2km의 속도가 필요하다. 반면 화성 궤도에 진입할 때는 초속 6.0km로 감속을 해야 하는데, 보통은 이 때 많은 연료를 소모하게 된다. 대기권 감속 기술은 화성에 약하게 존재하는 대기(지구의 1/100 수준)를 이용해 연료 사용을 절반으로 줄인 채 감속하는 기술이다. 탐사선은 화성대기에 뛰어들어 고도 44km까지 접근했다가 물수제비를 일으키

화성탐사선 큐리오시티

는 돌멩이처럼 다시 화성궤도로 튀어 올랐는데, 이 때 대기마찰로 고열이 발생하면서 감속이 일어났다. 우리는 6분 30초 동안 2.4G(중력의 2.4배)의 감속 중력을 느꼈다.

화성궤도에 진입한 후 탐사선은 1개월간 화성을 선회하면서 착륙 장비를 점검하고 착륙 지점을 정밀 관측했다. 착륙지는 북위 60° 부근으로, 2008년 피닉스 무인탐사선이 물을 발견한 지역이다. 주변에 호수지형이 있어 약 20억 년 전 화성이 따뜻하고 물이 많았을 시기에 생명체가 존재했을 가능성이 높다. 2035년 1월 15일, 본격적인 착륙이 시작됐다. 착륙선은 사령선에서 분리됐다. 총 12명의 승무원 중 3명은 사령선에 남았고 9명이 착륙선을 탔다. 착륙선은 고도 500km에서 화성궤도를 몇 바퀴 회전한 후 자세를 틀어 단열재가 설치된 배면을 아래로 향하고 하강을 시작했다. 5분 동안 착륙선은 비대칭의 양력이 발생하도록 한 디자인과 작은 로켓의 도움으로 착륙장소에 접근하기 시작했다. 고도 50km까지 낮아지자 착륙선에는 대기마찰로 1500℃의 고열이 발생하며 속도가 줄어들기 시작했다.

착륙선 주위의 화염이 사라진 직후 소형 낙하산이 펼쳐졌다. 속도가 크게 줄어들었다. 고도 8km에서는 대형 주 낙하산이 펼쳐졌고 속도는 초속 10m 정도로 아주 느려졌다. 방열판이 떨어져 나갔다. 착륙선의 레이더가 작동하며 착륙장소를 정밀하게 유도하기 시작했다. 화성 표면의 지상 100m 상공에서 드디어 역추진 로켓이 작동하기 시작했다. 주 낙하산이 분리되고, 이윽고 가벼운 충격과 함께 착륙선이 정지했다. 착륙 성공이었다.

귀환 연료는 화성 현지에서 조달

　다음날 동이 트자마자 우리는 50t에 달하는 착륙선의 화물칸에서 1년간 지낼 화성주거모듈을 꺼내 설치했다. 그 후 태양전지판과 원자력 발전기, 사령선과 지구와의 초고속 통신을 위한 안테나와 통신장비를 설치했다. 착륙한 시기는 화성이 태양에 가까운 시기이기에 먼지 폭풍이 발생할 위험이 컸다. 일단 발생하면 1개월간 지속되는데, 외부 활동이 제한되고 태양전지판과 광학장비의 성능이 현저히 떨어진다. 화성차량, 레이더 등 장비의 고장 가능성도 높아지기 때문에 장비의 유지보수에 각별히 신경을 써야 했다.

　그 후의 화성 생활은 빠르게 지나갔다. 한국항공우주연구원과 현대자동차에서 개발한 메탄/산소엔진으로 작동하는 5인승 차량으로 1만km가 넘는 탐사를 했고, 비행선과 무인기로 지형도 촬영했다. 매일 반복되는 일에 조금은 지치기도 하고 먼지폭풍이 불어올 때는 몇 주간을 주거모듈에서 꼼짝 못하고 지내기도 했다. 하지만 그 동안에도 착실히 한 일이 있다. 우리는 착륙지점 1m 지하에서 대량의 얼음과 드라이아이스를 발견했다. 그래서 원자력 및 태양광 발전기로부터 나오는 20kW의 전기를 이용해 산소와 이륙선의 연료가 되는 액체산소와 메탄을 생산했다. 하루에 각각 100kg과 50kg 정도의 양이었다. 산소는 우선 승무원들의 생존을 위한 호흡에 썼고, 나머지 산소와 메탄은 화성자동차와 이륙선의 연료로 쓰기위해 저장했다.

8장

화성 거주시설

녹색식물도 키우는
'화성 호텔'

2011년 버전의 심우주 거주시설 필드 테스트 장면. 거주시설이 가운데에 있고, 양쪽에 위생모듈(오른쪽)과 에어로크가 배치돼 있다.

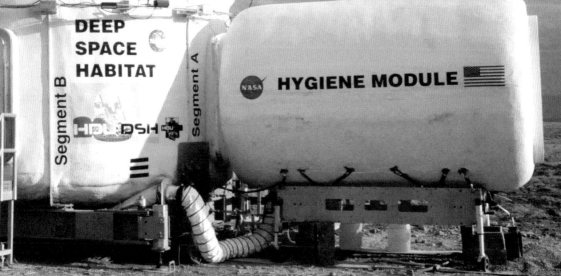

김어진

태양계 내 천체를 연구하는 과학자다. 충남대에서 전리
층 연구로 박사학위를 받았고, 현재 항공우주연구원 우
주과학팀에서 달 및 행성 환경을 연구 중이다.

jinastro@kari.re.kr

이주희

우주실험 및 태양계 내 천체를 연구한다. 충남대에서 우
주실험 연구로 박사학위를 받았다. 항우연 우주과학팀
장으로 우주실험 및 과학탑재체를 연구 중이다.

jhl@kari.re.kr

화성에 도착한 지 벌써 7개월 이틀이 지났다. 밤 하늘에 별처럼 보이는 작은 지구와 달의 모습이 아직도 낯설다.

우리 탐험대 12명은 인류 최초의 화성기지를 구축하기 위해 바쁜 나날을 보내고 있다. 우리에게 이곳 기지는 생활의 터전이자 안식처다. 잠에서 깨어 침대 곁에 달려있던 달력에 날짜를 표시하던 나는 문득 처음 화성에 착륙하던 순간이 떠올랐다.

인류 최초의 화성기지는 착륙선을 중심으로 이미 도착한 여러 모듈을 결합하는 방식으로 건설됐다. 각 모듈을 실은 착륙선은 각각 50t이 넘었기에, 착륙 과정에서 대기 마찰을 최소화하면서 안전하게 착륙하는 기술이 무엇보다 중요했다. 우리는 대기권에 진입한 후 순간적으로 팽창하는 풍선 형태의 저밀도 초음속 감속기(LDSD)를 이용해 속도를 줄이고, 이어 대형 낙하산을 펼쳐 지표에 안전하게 착륙할 수 있었다. 순간적이기는 했지만, 감속기가 팽창하는 순간의 충격과 낙하산에 매달려 지표에 닿는 순간의 긴장감은 아직까지도 생생하다.

먼지제거 유닛
외부활동 귀환 시
먼지 등을 제거

거주시설 유닛

거주시설 유닛은 총 3층으로 구성돼 있다.

1층 – 대원들이 활동하는 작업 공간
2층 – 주방, 운동 기구 및 각종 편의 시설
3층 – 잠을 자거나 휴식을 취할 수 있는 공간

거주시설 유닛의 구성

컴퓨터 및 통신 섹션 – 지구와 통신할 수 있는 통신 설비
바이오 섹션 – 생물 실험 및 식량 생산
전력 섹션 – 기지에 전력을 공급
행성 과학 실험 섹션 – 화성에서 채취한 광물을 분석

3층

2층

위생시설 유닛

거주시설 유닛 옆에 설치

KOREA
Mars Project Section Sheld

1층

접이식 진출입로

입구

거주시설 유닛의 앞뒤.
화성탐사 운송차량과
도킹(docking).

화성차량

바퀴가 90°까지
자유롭게 움직인다.

상상 이상의 맛, 화성 그린샐러드

침대를 빠져 나와 사다리를 타고 2층으로 내려오니 부지런한 운전기사인 미국인 마이클이 벌써 러닝머신을 뛰고 있었다. 화성의 중력은 지구의 3분의 1밖에 안된다. 장시간 이런 환경에서 생활하다 보면 근육과 뼈가 약해지고, 무엇보다 정신적인 스트레스에 시달리게 된다. 그래서 모듈 안에는 지구와 비슷한 정도의 중력을 유지하기 위한 장치가 설치돼 있고, 이를 이용해 우리는 적절한 중력 아래에서 운동을 할 수 있다. 이것은 여가 차원이 아니라 생존을 위해 필수적인 임무다. 우리는 운동장비가 구비된 모듈에서 매일 교대로 운동을 한다. 나는 마이클에게 눈인사를 하고 주방으로 다가갔다. 여객기에서 음식 등을 준비하는 갤리와 비슷한 구조다. 철재 캐비닛 칸마다 내용물의 이름이 적혀 있는데, 나는 그 중에서 계란 반숙과 베이컨, 그리고 오렌지주스가 들어 있는 칸을 열어 진공 포장된 우주식을 꺼냈다. 비록 직접 불과 물을 사용해 요리한 따끈한 식사는 아니지만 맛을 즐기고 포만감을 느끼는 데에는 지장이 없었다.

최근에는 여기에 신선한 채소가 곁들여졌다. 1층과 2층 중간에 리프트를 멈추고 식물재배 키트(kit)를 돌아보고 있는 유럽인 대원 앨런에게 아침인사를 했다. 앨런이 기지 안에서 식물 재배에 성공한 덕분에 우주식에 질려 있던 대원들은 큰 위안을 받았다. 미국 애리조나 사막의 식물원에서 연구했던 앨런은 기지 내에서 LED 조명을 이용해 상추의 일종인 로메인과 같은 채소를 재배했다. 그는 이 채소로 우리에게 신선한 식량을 제공할 뿐만 아니라, 어떻게 하면 화성에서 안정적으로 식물재배를 할 수 있는지도 연구하고 있다. 살아있는 생명

거주시설 유닛

실험실

위생시설 유닛

실내생활

실내풍경

체를 키우는 과정을 지켜보며 지구에 있는 것 같은 안정감을 느끼게 하는 것은 덤이다.

1층으로 내려가 위생시설 유닛으로 들어가 샤워를 했다. 위생시설 유닛은 거주시설 유닛에 연결돼 있는데, 화장실이나 샤워실에서 사용한 물을 재사용하기 위한 정수시설이 붙어 있다. 물이 귀하기에 이 시설은 매우 중요하다. 이곳에는 또 대원들이 사용한 쓰레기를 마른 것과 젖은 것으로 분리해 처리하고 냄새를 정화하는 시설이 설치돼 있다. 우리도 쾌적한 환경에서 살 권리는 있으니까.

기지는 탐사의 전초기지

샤워를 마치고 개운한 기분으로 주거활동모듈 1층에 돌아왔다. 최근 들어 표정이 밝아진 이탈리아 출신의 마르코니 대원이 심우주 인터넷(DSN; Deep Space Network)으로 미국 NASA 제트추진연구소(JPL)의 통신국과 통신 상태를 점검하고 있었다. 착륙하는 과정에서 통신 장비 일부가 망가지는 바람에 처음 몇 달 동안 지구와의 교신은 하루 2시간 정도만 할 수 있었다. 하지만 며칠 전 마르코니가 고장 난 통신 장비를 극적으로 수리해, 지금은 지구에 있는 가족들과 마음 놓고 대화를 할 수 있을 정도가 됐다.

그 옆의 메인 컴퓨터 앞에는 언제 봐도 깔끔한 오스트리아 출신 대원 테슬라가 전력 상태를 점검하고 있었다. 전력을 생산하는 태양전지판과 지구에서 가져온 수소전지(사실 원자력 전지가 효율이 좋지만 대원들의 안전을 위해 수소전지를 가져왔다)는 화성 기지를 움직이는 핵심 장비다. 테슬라는 메인 컴퓨터를 통해 매일 사용 전력과 여유 전력을 관리하고 있다. 화성에서는 먼지폭풍이 태양빛을 가리기 때문에, 이곳의 전력 상황은 늘 빠듯하다.

외부감시 카메라를 통해 바깥 풍경을 본 나는 환호했다. 제법 먼 곳까지 선명하게 잡혔다! 무려 한 달만이다. 그 동안 먼지폭풍으로 온통 붉은 먼지에 휩싸여 있었는데, 실로 오랜만에 갠 날을 맞은 것이다. 메인 컴퓨터도 이 지역의 오늘 날씨가 외부활동에 적합하다고 알려왔다. 나는 실내에서 지내야 했던 그 동안의 답답함에서 벗어날 수 있다는 생각에 마음이 가벼워졌다. 급히 외부 임무를 나갈 준비를 시작했다. 거주시설 유닛에 도킹돼 있는 운송차량의 상태를 점검하고, 샘플 수집을 할 지역의 위치를 확인했다. 화성에서 생명 흔적을 찾는 임무를 맡은 지질학자인 나는, 날씨가 허락되는 날이면 언제나 바깥으로 나가 차량으로 꽤 먼 거리까지 가서 화성의 돌멩이를 수집했다.

외부활동 복장을 갖추고 밀폐 장비(에어로크) 앞에 접혀 있던 진출입로를 펼쳤다. 그리고 걸어서 모듈 밖으로 나왔다. 마이클이 이미 차량의 운전석에 앉아 있었다. 차량에 탑승하자 6개의 바퀴가 한꺼번에 $90°$ 움직였다. 곧이어 차량은 마치 게처럼 옆으로 움직여 모듈과 분리됐고, 곧 다시 바퀴를 정면으로 바꾼 뒤 전진했다. 차량 뒤로 붉은 먼지가 흩날리는 모습을 보며, 나는 이 황량한 지역이 수억 년 전에는 물이 풍부한 행성이었다는 사실을 새삼 떠올렸다. 믿어지지 않았다. 정말 화성에는 생명체가 존재했을까. 내가 그 비밀을 밝혀낼 수 있을까.

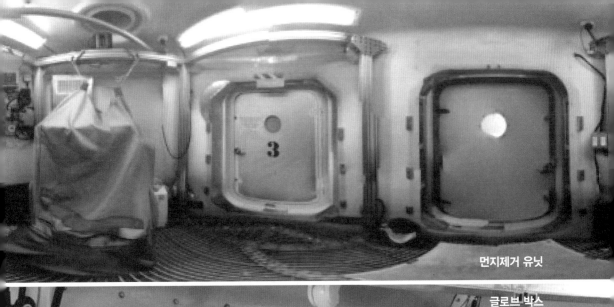

먼지제거 유닛

글로브 박스

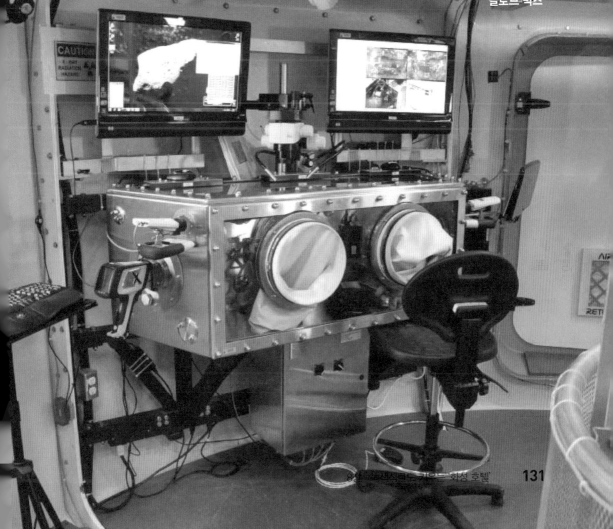

홈, 마이 스위트 홈(Home, My Sweet home)

지는 해를 뒤로 한 채 기지에 돌아왔다. 긴 그림자가 나보다 먼저 기지로 뛰어드는 기분이었다. 모듈에 들어가기 전, 수집한 지질샘플들을 행성과학실험유닛의 외부에 있는 에어로크 입구에 넣었다. 먼지를 제거한 샘플들은 나중에 내 체형에 맞춘 글로브 박스(외부에서 팔만 넣어 시험할 수 있게 만든 장비)를 통해 분석할 것이다. 이 작업에는 NASA 제트추진연구소와 미국 애리조나주립대가 공동 개발한 현미경 다중스펙트럼 영상기와, 한국에서 개발한 휴대용 엑스선 형광기기가 큰 도움이 되고 있다.

팔에 약간의 상처가 난 것을 발견했다. 대원 중 유일한 의사인 하우스 박사에게 치료를 받았다. 하는 김에 주기적으로 받는 건강검진도 받았다. 하우스 박사는 외과 전문의이자 심리학 분야의 권위자였다. 사람들은 처음 화성 탐사 계획을 세울 때, 좁은 공간과 지구와 전혀 다른 외부 환경에서 오는 스트레스 때문에 대원간에 다툼이 발생할까 봐 걱정했다. 하우스 박사가 대원에 포함된 것은 그 때문이었다. 그러나 예상과 달리 우리는 지금까지 서로 의지하며 잘 지내고 있다. 그것은 아마 어머니의 자궁과도 같은 좁은 공간에서 느끼는 안락함 때문이 아닐까. 그리고 하나 더 꼽자면 이 넓은 행성에 우리밖에 없다는 인식일 것이다.

밖은 이미 깜깜한 밤이었다. 화성에선 바라보는 지구는 너무 작은 별이다. 오늘따라 7500만km 떨어진 집에 있는 가족과 친구들이 소중하게 느껴졌다.

화성차량과 외부 탐사를 연습하는 장면

우주인은 장비를 이용해 우주에서 걷는 듯한 느낌을 체험한다. 왼쪽 손목의 기기로 탐사 정보도 받을 수 있다.

테라포밍과 바이오돔

'녹색 화성'에선
누에가 맛있다

40억 년 전 화성 상상도(물 존재)

한국과학기술원(KAIST) 생명화학공학과에서 박사학위를 받고 현재 전남대학교 생물공학과에 재직중이다. 미생물을 이용한 유용물질 생산을 전공했지만, 우주나 극지와 같은 극한환경에서 미생물이 어떻게 대응하며 살고 있는지 궁금해하고 있다. choiji01@chonnam.ac.kr

극지 등 극한 환경의 생물을 연구하는 과학자다. 1999년 KAIST 생명화학공학과에서 박사학위를 받았다. 2011년 남극세종과학기지 제24차 월동연구대로 참여했고, 현재 한국해양과학기술원 부설 극지연구소에서 극지생물분자공학 분야를 연구하고 있다. hansj@kopri.re.kr

화성에 도착한 지 8개월이 지났다. 나는 지금 위대하고 기나긴 일의 첫 발을 내딛고 있다. 나에겐 작은 발걸음이지만, 인류에게는 위대한 발걸음이 될 어떤 일을. 우리 세대에는 결코 이룰 수 없고, 수백 수천 년이 걸려도 이루지 못할 도전. 바로 '테라포밍(terra-forming)'이다. 테라포밍은 화성을 인간이 살 수 있는 환경으로 바꾸는 작업이다.

문득 오래 전에 봤던 영화 '토탈리콜'의 아름다운 엔딩 장면이 떠오른다. 영화는 2084년이 배경이었는데, 두 주인공 퀘이드와 멜로나는 온갖 고생을 해가며 공기제조 장치를 가동시키는 데 성공한다. 이 장치에서 내뿜는 공기로 화성에는 곧 지구와 같은 대기가 만들어졌고, 영화는 그 장면에서 끝났다. 지금 화성 바이오돔을 건설하면서 우리가 사용하는 공기제조장치가 한 순간에 대기를 만들어 주면 얼마나 좋을까! 그렇다면 영화에서처럼 지구보다 아름다운 화성의 노을을 볼 수 있을 텐데 말이다. 아쉽게도 현실은 그렇지 못하다. 화성의 노을은 아직 지구와 달리 파랗고 낯설다.

지구 대기 가져가 화성에 심는다

나는 우리가 지은 바이오돔을 바라보고 있다. 바이오돔은 지표면 위에 마치 뚜껑을 덮은 듯한 폐쇄형 시설이다. 이 시설을 지은 가장 큰 목적은 자원의 재사용이다. 인간이 거주하기에 적합하지 않은 화성에서는 산소, 물, 식량과 같이 필요한 모든 자원을 재사용해야 한다. 하지만 아직 우리의 기술만으로 화성 전체라는 넓은 지역 전체를 통제할 수는 없다. 먼저 우리가 거주하는 곳부터 시작하는 게 순서다. 바이오돔 안에서 우리는 완벽한 재활용, 재사용 원칙에 따라 생활하고 있다.

영화에서와 같이, 공기제조 장치를 이용하면 얼마간의 산소를 만들 수 있다. 하지만 현실은 영화와 약간 달라서 그것만으로는 사람이 살기에 충분한 양의 산소를 만들 수 없다. 대부분의 산소를 다른 방법으로 얻어야 하는데, 가장 좋은 방법은 지구에서와 같이 식물의 광합성을 통해 얻는 것이다. 돔에 거주하는 사람들로부터 나온 이산화탄소를 식물이 광합성을 통해 산소로 바꿔주고, 사람들은 이렇게 만들어진 산소를 호흡한다. 누에도 중요한 역할을 한다. 누에는 나무의 잎을 먹고 자라 우리에게 천연섬유인 명주를 주고, 또 사람들에게 필요한 단백질을 공급해 준다. 오래 전 사람들이 먹던 '번데기'가 2030년대에 화성에서 다시 부활할 줄이야! 처음에는 모양이 징그러워 못 먹었는데 가공하거나 요리를 했더니 원래 모양이 없어져서 거부감이 줄어들었다. 또 화성에서는 단백질 공급원이 귀해 먹지 않고는 견딜 재간이 없다. 다행히 지금은 익숙해져서 즐기면서 먹는 상태다.

우리가 만든 폐기물과 우리의 배설물 역시 철저히 재활용된다. 이들은 주로 퇴비화 과정을 거쳐 식물의 성장에 활용된다. 퇴비화는 심비오박테리움 서모필룸(*Symbiobacterium thermophilum*)이나 고온성 바실러스(*Bacillus*) 등의 미생물을 이용한다. 소변은 증류 또는 여과를 해 물로 재사용하고, 요소는 비료로 이용하거나 암모니아로 전환시켜 연료전지에 사용한다. 인간이 사용하는 대부분의 유기물은 미생물로 퇴비화시킨다. 이 과정에서 유기물은 산소와 탄소, 그리고 질소 등으로 분해가 되는데, 이 때 나오는 질소는 식물이 자라는 데 활용되고 나트륨과 칼륨 등은 해조류를 키우는 데 쓰인다. 해조류는 물론 우리의 식량이다. 해조류에서 우리에게 필요한 무기질을 얻을 수 있다. 이렇게 바이오돔 안에서 물질은 남거나 버릴 것이 없다.

생존의 또다른 핵심인 산소와 물은 어떻게 얻을까. 화성의 토양에 있는 성

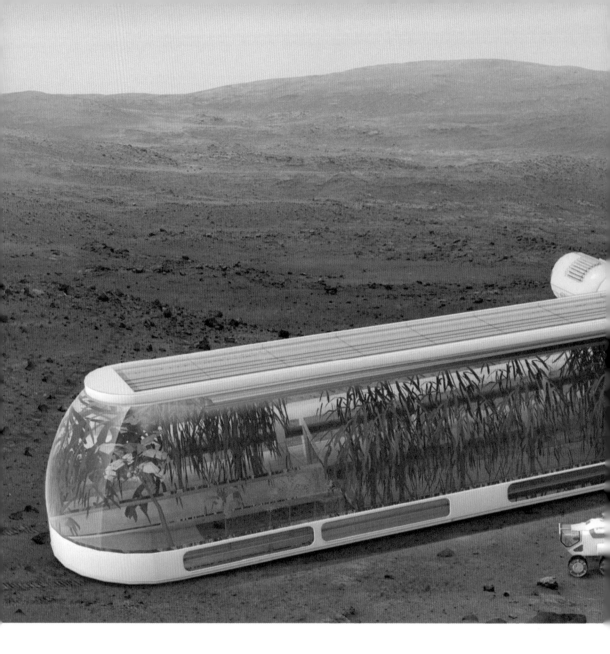

분을 이용한다. 이 방법은 이미 2020년에 달과 화성에서 실험해 성공을 거뒀다. 달의 경우, 탐사용 로버(Rover)를 이용해 흙을 가열하면 수소와 산소, 수증기를 얻을 수 있다. 이 가운데 수소와 산소를 결합하면 물을 만들 수 있다. 화성의 경우, 토양에는 물이 약 2% 포함돼 있다. 따라서 토양에 열을 가하면 바로 수증기 형태의 물을 얻을 수 있다. 산소는 궁극적으로는 식물을 통해 얻겠지만, 대기에 있는 이산화탄소를 이용해 얻거나, 화성 표면에 마치 비처럼 내리는 과산화수소를 화학적으로 변환해 얻을 수도 있다. 아직은 어렵지만, 미래에는 화성의 극지대에 있는 물과 드라이아이스를 이용해서도 산소를 얻을 수도 있을 것이다.

물질만 얻는 게 아니다. 드라이아이스를 이산화탄소로 바꾸면 대기 중의 이산화탄소 농도가 높아질 것이고, 화성 지표의 기온 역시 서서히 올라갈 것이다. 이 이산화탄소를 식물이 광합성을 통해 산소로 바꿔줄 수 있다. 식물을 통한 광합성과 산소 생성! 바로 테라포밍의 핵심이자 완성이다. 테라포밍을 더 앞당기기 위해 아예 지구의 공기를 화성으로 가져가려는 계획도 있다. 화성은 지구보다 작기 때문에 지구에 영향을 끼치지 않을 만큼(지구 대기의 약 20% 정도)만 가져간다면, 화성의 대기에 산소를 충분히 공급할 수 있다. 또 지구에서 문제가 되고 있는 이산화탄소에 의한 온실화도 어느 정도 해결할 수 있을 것이다.

▶
**지구에서 실험한 바이오돔 '바이오스피어2'.
지금은 미국 애리조나대가 소유하고 있다.
아래는 바이오스피어2의 내부.**

테라포밍의 시작 바이오돔

바이오돔에서 필요한 전기는 태양광발전이나 미생물 연료 전지를 이용해 얻는다. 한 때 원자력을 이용한 발전이 논의됐지만, 안전성 문제로 접은 상태다. 물론 태양광발전이 쉽지는 않다. 화성은 지구보다 태양에서 1.5배 멀리 떨어져 있고, 먼지폭풍이 심해 태양광의 강도가 낮다. 따라서 우리는 먼지폭풍 위로 태양전지 풍선을 올린 뒤 케이블을 통해 전기를 내려 받는 방법을 개발했다. 풍선은 화성대기 밀도($0.015kg/m^3$)보다 가벼운 헬륨가스로 채웠고, 표면에는 광전지를 붙였다. 효율을 높이기 위해 주기적으로 광전지를 청소하거나 교체해야 한다는 단점이 있지만, 그 정도 수고는 얼마든지 할 수 있다.

요즘은 날씨가 좋아 2018년 화성에 온 유럽우주기구(ESA)의 무인탐사선 엑소마스(ExoMars)를 찾기 위해 거주시설 밖으로 멀리까지 나가곤 한다. 차량에서 바라본 화성의 붉은 토양은, 지구의 흙에서 느꼈던 생명력과는 거리가 먼 황량함이 묻어난다. 화성의 지표면은 지구의 사막과 비슷하다. 고운 모래가 가득 덮여 있고, 군데군데 수십 센티미터 크기의 돌들이 흩어져 있다. 화성의 돌은 바람에 날린 먼지나 모래, 물에 의해 침식된다. 물이 흘렀거나 홍수가 발생했던 지역에서 침식된 돌은 모나지 않고 둥근 반면, 바람에 침식된 돌의 표면은 거칠고 곳곳이 패여 있다. 이 돌들의 광물질 성분은 질소, 인, 칼슘, 마그네슘, 철 등 지구와 다를 바 없다. 다만 유기물이 없을 뿐이다. 문득 한국이 세운 두 번째 남극기지인 장보고기지 주변에서 봤던 지의류가 그리워진다. 지구의 극지역은 이곳에 비하면 얼마나 풍요로운가. 이곳의 흙도 지구처럼 비옥할

엑소마스 상상도

화성의 차세대 탐사로봇 엑소마스는 유럽우주기구(ESA)가 2018년 발사할 계획인 화상탐사계획의 로버다. NASA의 큐리오시티 등 드릴 장치를 지닌 기존의 로버가 겨우 10cm 미만의 깊이를 시추했던 데 비해, 무려 2m까지 시추할 수 있는 첨단 탐사선이다. 적외선 분광기(ISEM), 팬캠(PanCam), 유기분자분석기(MOMA), 지면관통레이더(WISDOM)등을 장착해 지면 아래 얼음이 존재하는지 탐색하고 퇴적물을 정밀하게 분석할 수 있다. 사진은 인공환경에서 실험하는 모습.

날이 올까….

이렇게 생각하는 순간 먼지 속에 파묻힌 로버를 발견했다. 엑소마스다! 최첨단 장비를 지녀서 화성에 생명체가 존재했는지 흔적을 발견할 수 있을 것으로 기대 받은 녀석이다. 하지만 먼지폭풍으로 태양전지가 작동되지 않아 10여 년 간 방치돼 있었다. 수리해 사용하면 아이스브레이커(Icebreaker)로 코어를 얻는 것보다 화성의 지질 탐사 및 바이오돔 건설에 큰 도움이 될 것이다.

임무를 마치고 거주시설로 복귀했다. 다른 나라 대원들이 함께 모여 지구에서 보내온 뉴스를 시청하고 있었다. 화성에 최초로 거주하고 있는 우리 대원들이 올해의 인물 후보로 추천됐다는 소식도 있다. 우주개발의 큰 도약을 이룬 주인공이란 이유에서다. 좋은 소식만 있는 것은 아니다. 내년에 우리와 교대하기 위해 우주정거장을 출발해 이곳으로 오고 있는 다음 대원들의 연락이 두절됐다. 현재 지구 기지에서 정확한 상황을 알아보고 있는 중이라고 했다. 작년 우리도 이곳에 오는 도중 몇 번이나 지구와 교신이 두절된 적이 있었는데 올해도 같은 현상인 것 같다. 부디 무사해야 할 텐데…. 두려움과 기대 속에 화성의 파란 노을이 저문다.

극적인 변화 화성의 대기

화성은 중력이 약하기 때문에 대기가 희박하다. 지표부근의 대기압은 약 0.006기압으로 지구의 약 0.6%에 불과하다. 화성대기의 구성은 이산화탄소가 약 95%, 질소가 약 3%, 아르곤이 약 1.6% 이고, 산소(약 0.13%)와 수증기(약 0.03%)는 아주 적다. 산소 자체가 적은 것도 힘들지만, 더 큰 문제는 기온이다. 대기가 희박하기 때문에 화성의 평균기온은 영하 60℃ 정도에 불과하다. 더구나 몇 개월 동안 지속되는 긴 겨울 동안에는 극지방에 밤이 이어지면서 지표의 온도가 더 낮아진다. 이 때 대기 전체의 약 25%에 해당하는 이산화탄소가 얼어버려서 고체인 드라이아이스를 이룬다. 대기가 줄어들기 때문에 당연히 대기압은 더 낮아지고, 화성의 대기에서는 아르곤의 농도가 짙어진다. 이후 다시 햇빛이 비치는 계절이 되면 얼었던 이산화탄소가 승화해 기체가 되면서 극지방에 강한 바람이 발생한다. 이 바람은 화성의 먼지를 이동시킨다.

화성 탐사선 열전

인류는 이제야 화성에 갈 계획을 저울질하고 있지만 이미 오래 전부터 탐사선을 꾸준히 보내 정보를 수집해 왔다. 화성은 2000년대 이후로 탐사 임무가 없었던 적이 없을 정도로 연구가 이뤄졌고, 이제는 화성의 '지리학'까지 연구할 정도로 많은 정보가 쌓였다. 흥미로운 것은 화성에 대한 방문 연구는 거의 대부분 미국이 주도했다는 점이다. 구소련도 1960년대에 화성을 탐사하려는 노력을 많이 기울였지만 큰 성과가 없었다.

대표적인 화성 탐사 임무를 꼽아 보면 아래와 같다.

마리너 4호

미국이 1965년 발사한 탐사선으로, 화성을 근접비행하면서 최초의 사진을 보내 왔다. 약 7개월의 비행 끝에 성인 남자 엄지손가락만한 작은 사진을 보내왔는데, 그 모습을 통해 사람들은 화성의 지표를 확인할 수 있었다. 크레이터(crater) 등도 확인했다.

바이킹

미국은 1975년 두 대의 탐사선 바이킹 1호와 2호를 화성으로 보냈다. 여기에는 궤도선과 착륙선이 구비돼 있어서 최초의 화성 지표 연구가 가능했다. 지표에 착륙한 바이킹 1호와 2호는 모두 기초적인 과학 탐사가 주 목적으로, 무엇보다 생명 현상의 흔적을 찾고자 노력했다. 지표의 기상 정보, 화성 자기장 및 지질활동 흔적 등도 찾았다. 계곡에서 물이 흘렀던 지형을 발견해 과거 생명이 살았을 가능성을 높여줬다.

마스 패스파인더와 소저너

소저너는 1997년 미국이 발사한 최초의 화성 무인 탐사로봇이다. 바이킹은 착륙한 자리에서 관

마리너 4호가 찍은 화성(왼쪽), 바이킹 1호가 찍은 화성 표면(오른쪽)

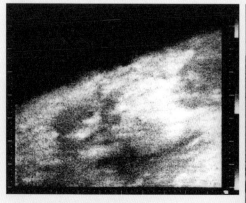

찰하고 작동했지만, 이 로봇은 바퀴를 이용해 스스로 돌아다니며 조사와 연구를 했다. 이후 등장할 여러 탐사 로봇의 원형이다.

마스 글로벌 서베이어

1996년 발사한 화성 궤도 위성이다. 착륙해서 탐사하는 역할은 아니고 인공위성으로 화성 상공을 돌며 자기장과 지표 지형 등을 관찰하고 조사했다. 2006년 통신이 끊겨서 지금은 임무가 종료됐다.

마스 오디세이

2001년 발사한 화성 궤도선이다. 물의 흔적을 찾기 위한 측정 장비를 갖고 있다.

마스 익스프레스

2003년 발사한 유럽우주국의 탐사선. 착륙선 비글 2가 함께 갔으며 로봇팔과 땅을 파는 도구가 있었다. 하지만 착륙 과정에서 연락이 끊어져서 임무는 완수하지 못했다. 궤도선만이 화성 극지에서 물과 이산화탄소의 존재를 확인했다.

패스파인더의 탐사 로봇 소저너

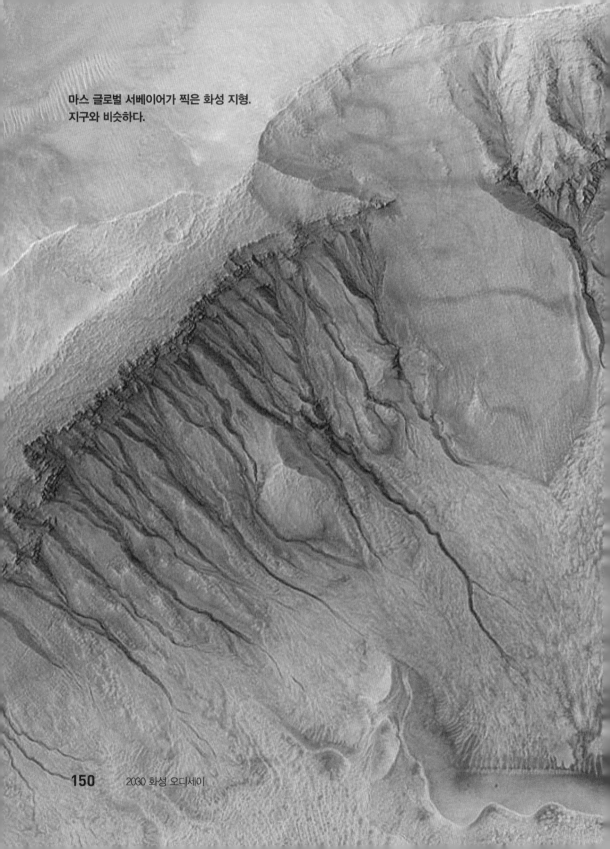

마스 글로벌 서베이어가 찍은 화성 지형.
지구와 비슷하다.

피닉스가 본 화성의 남극(왼쪽)과 북극(오른쪽)

스피릿과 오퍼튜니티

NASA가 2003년 발사한 화성 탐사 로봇. 두 개가 쌍둥이처럼 닮았는데, 각각 기회(오퍼튜니티)와 영혼(스피릿)이라는 이름을 갖고 있다. 둘 중 영혼은 착륙 뒤 고장이 나 오래 임무를 하지 못했다. 하지만 기회는 아직까지 작동하고 있다. 2015년 현재 지구 시간으로 11년 이상 임무를 수행 중이다.

피닉스

미국이 발사한 2008년의 화상 탐사선. 화성에서 미생물을 찾기 위한 임무를 했다. 탐사로봇은 아니고 착륙선으로, 지표를 자유롭게 돌아다니지는 않았다. 2008년 임무가 종료됐다.

큐리오시티

가장 최근 이뤄진 화성 탐사 임무. 2011년 말 발사돼 2012년 초에 화성에 착륙했다. 첨단 장비를 갖춘 '돌아다니는 화성 무인 연구실'이라고 불릴 만하다. 인류의 화성 거주를 위한 여러 기초 조사를 겸하고 있으며, 2015년 현재 여전히 임무 수행 중이다. 탐사 로봇들은 화성에 지구의 미생물을 옮기지 않도록 세심하게 소독된 상태로 간다. 큐리오시티는 겨우 65종 정도의 미생물만 지니고 있는데, 매우 적은 수다.

10장

우주 의복과 음식

화성 올림픽 폐막 파티

김한성

미세중력 환경에서의 신체 변화와 운동 분야의 전문가로 현재 연세대 의공학부 교수로 재직 중이다.
hanskim@yonsei.ac.kr

김재경

고려대 식품공학과에서 박사학위를 받고 현재 한국원자력연구원 첨단방사선연구소에서 방사선 멸균 식품과 우주방사선에 의한 생물반응에 관해 연구하고 있다.
jkim@kaeri.re.kr

2036년. 지금 우리 베이스캠프에서는 떠들썩한 파티가 한창이다. 막 폐막한 제1회 화성 올림픽의 성공적인 개최를 기념하는 파티다. 오늘 파티에 참석하는 조건은 딱 하나였다. 경기 때 입었던 선외활동용 우주복을 입자는 것이다. 둔하고 불편하지 않냐고? 전혀 아니다. 일상복처럼 가볍고 얇은 우주복이 없었다면 어떻게 운동 경기가 가능했겠는가.

우주복 기술이 가능하게 한 화성 올림픽

처음 화성 올림픽을 기획한 것은 한 달 전이었다. 지구에서 올림픽이 열린다는 소식에 '화성에서도 올림픽을 열자'는 주장이 나왔다. 당연히 지구로 전부 중계된다는 전제 아래에서였다. 우주 시대의 도래를 알리는 이벤트이자, 동시에 각국의 우주 기술 수준을 전세계인 앞에 선보일 기회라는 의도에서였다. 처음엔 안전 등을 이유로 회의적인 시선이 더 많았으나 시간이 흐를수록 한번 해보자는 쪽으로 의견이 모였다. 이에 따라 한국, 미국, 영국, 일본, 러시아, 독일, 네덜란드 등이 참가하기로 하고, 우주 환경과 안전을 고려해 종목도 하나씩 선정했다.

경기도 중요하지만 더 흥미로운 것은 따로 있었다. 눈에 보이지 않는 각국의 우주기술이다. 모두가 자국의 우수성을 부각시키고자 경쟁을 펼쳤기 때문에 선수뿐만 아니라 기술팀 사이에서 미묘한 긴장이 흐르기도 했다.

사실 우주 환경에서 운동은 단순히 건강을 증진시키기 위한 여가 활동이 아니라 생존을 위한 필수 수단이다. 본격적인 우주 시대를 열기 위해서도 반드시 개선해야 할 중요한 문제기도 했다. 이를 위해서는 활동성을 강조하고 최대한의 운동 효과를 낼 수 있는 우주복을 개발하는 것이 필수였다. 그러나 만만치 않은 작업이었다. 우주복은 기본적으로 지구와 가스 분포 비율이 다른 우주 환경에서도 호흡을 유지할 수 있어야 한다. 뛰어난 단열 기능과 외부 방사선 차단 기능도 필요하다. 화성의 표면온도는 극지방의 최저온도인 영하 143°C부터 적도지방의 최고온도인 27°C까지 급격히 변한다. 대기 역시 95%의 이산

화탄소와 3%의 질소, 1.6%의 아르곤 그리고 극미량의 산소로 이뤄져 있어 지구와 전혀 다르다. 이런 환경에서 살아남기 위해서는 최첨단 기술을 총동원해야 한다.

1990년대 후반에 개발된 선외활동용 우주복은 약 80kg에 달할 만큼 무거웠다. 단열을 위한 알루미늄 코팅 특수섬유가 5겹이나 들어가는 등 총 14개의 섬유 층으로 이뤄져 있기 때문이다. 여기에 개인 맞춤형 장갑과 선외 작업용 덧장갑, 압력장화와 그 위에 신을 수 있는 신발 등이 추가됐다. 헬멧 시스템은 외부 먼지와 자외선, 적외선까지 차단할 수 있었는데, 덕분에 돌발적으로 발생하는 화성의 모래폭풍 속에서도 자유롭게 탐사를 할 수 있었다. 하지만 복잡하고 무거워서 활동성은 매우 떨어졌다. 입는 시간만 45분이 걸렸다. 몸통 부분에는 선외활동복의 압력과 온도를 보여주는 계기판이 있는데, 몸을 구부려 볼 수 없다 보니 숫자를 거꾸로 표시한 뒤 왼쪽 손목에 있는 거울로 봐야 했다. 이런 옷을 입고 운동을 하는 것은 꿈도 꿀 수 없었다.

해결의 실마리는 단순한 아이디어에서 나왔다. 이미 오랜 세월 다양한 용도로 사용돼온 형상기억합금과 인체 근섬유를 모사한 나노 섬유였다. 이들을 결합시키면 지구 중력장에 있을 때처럼 적절한 근육 운동효과를 낼 수 있는 합성섬유를 개발할 수 있다. 우주는 중력이 약하기 때문에 지상에서와 같은 운동효과를 기대하기 어려운데, 이런 섬유를 이용하면 가볍고 활동성이 좋으면서 운동 효과도 뛰어난 우주복을 만들 수 있다. 여기에 단열 및 방사선 내성 효과를 지닌 섬유층을 더하고 단열 효과를 높일 수 있는 초전도체, 호흡과 압력을 조절할 수 있는 미세칩을 더하면 지금 우리가 입고 있는 초경량 우주복이 완성

2009년 우주에 다녀온 미국 해병대 랜돌프 브레스닉 대령의 모습. 현재의 우주복은 이렇게 두껍고 복잡한 모습이다. 입고 운동은 도저히 불가능하다. 거울에 비춰 보기 위해 숫자를 거꾸로 적은 가슴의 계기판이 비애를 말해준다.

NASA가 2014년 발표한 차세대 우주복 디자인 시안. 화성행을 염두에 두고 디자인했다.

된다. 산소를 공급하고 이산화탄소를 제거하는 생명유지장치도 소형화해 등에 메고 운동을 해도 별로 불편하지 않다.

제1회 화성 올림픽은 이런 우주복 기술의 격전장이었다. 각국 선수들은 아름답게 디자인된 자국의 우주복을 입고 경기에 임했다. 올림픽이 열리던 날이 떠오른다. 지구에서 늘 보던 너울거리는 불꽃과 다른, 일자로 쭉 뻗은 화성의 성화 불꽃은 지구에서 방송을 보던 사람들 눈에는 매우 이색적이었을 것이다. 육상의 꽃이라 불리는 100m 달리기 역시 지구인들에게 색다른 볼거리였다. 중력이 지구의 3분의 1밖에 되지 않는 화성이지만, 선수들은 우주복의 자체 저항을 적절히 이용해 지구에서와 같이 박진감 넘치는 경기를 펼쳤다.

이번 올림픽의 진짜 승리자는 우주에서도 지구에서와 같은 생활이 가능하다는 새로운 희망을 보여준 화성 과학자들이었다.

파티의 꽃 우주 음식

축제는 순식간에 막을 내렸다. 그러나 가슴 한편에 자리 잡은 이 벅찬 감동은 앞으로도 계속 될 것이다. 4년 뒤 다음 올림픽이 벌써부터 기다려진다. 폐막 파티는 바로 이런 아쉬움을 달래고, 그간의 노고를 자축하기 위해 열렸다. 비좁은 실내에서 우주식량을 나눠 먹으며 음악을 듣는 정도지만, 우리의 유쾌한 기분은 최고조에 달했다. 파티에서는 눈에 보이지 않는 제2의 올림픽이 열렸다. 각국은 자국이 자랑하는 음악을 차례로 마치 경쟁하듯이 들려줬다. 폴

란드 팀이 자국의 민속음악을 차용한 쇼팽의 피아노곡 '폴로네즈'를 들려주자 미국은 밥 딜런의 포크 음악을 틀었다. 한국은 세련된 케이팝 음악을 들려주며 흥을 더했다.

눈에 보이지 않는 경쟁은 식탁에서 벌어졌다. 각국이 자존심을 걸고 만든 우주 식품은 안전하고 간편할 뿐만 아니라 맛까지도 일품이었다. 러시아 대표 표트르가 우리가 가져온 우주 고추장을 빵에 찍어 맛보더니 엄지손가락을 치켜 올렸다. 맵지도 짜지도 않고 딱 좋다는 말과 함께였다. 똑같은 고추장을 지구에서 맛본다면 꽤 짤 텐데… 우주에 가면 중력이 약해 혈액 등 체액이 머리로 쏠리기 때문에 식품의 맛과 향을 느끼는 신경이 무뎌진다. 그래서 우주식품은 지구보다 20% 정도 짜고 맵게 만든다. 화성도 비슷하다. 물론 내게도 지금은 이 정도 맛이 딱 좋다.

이탈리아 대표 마르코와 일본 대표 니시다는 각자 면 요리를 들고 왔다. 마르코가 들고 온 스파게티는 면이 가늘고 짧아 특이했고, 니시다의 볶음국수는 소스가 맛있었다. 둘은 우리가 준비한 우주라면을 맛보고 싶어했다. 비빔국수같이 국물이 없는 우주라면을 먹고는 한 접시를 더 얻어 자기네 테이블로 돌아갔다. 아마 돌아가서 '한국의 스파게티'라고 소개하며 호들갑을 떨 것이다. 얼큰한 국물이 있는 원래의 라면 맛을 보여주면 더 좋았을 텐데, 국물은 중력이 약한 우주에서 사방으로 마구 흩어져 먹을 수 없다. 아쉽긴 하지만, 맛과 향, 그리고 쫄깃한 식감만으로도 충분한 만족감을 느낄 수 있어 큰 문제는 없다.

우주식품은 짧게는 6개월부터 길게는 우리처럼 500일 이상을 지구 밖에서 보내야 하는 우주인에게는 대단히 중요하다. 육체적 건강만이 아니라, 정신적

외로움과 향수를 달래는 데 음식보다 중요한 게 없기 때문이다. 이런 중요성 때문에 우주식품은 발전을 거듭해 왔다. 미국과 러시아가 우주개발을 하던 초기에는 단지 식품의 무게를 줄이는 데에만 신경을 썼다. 그래서 건조식품에 물을 부어 먹게 하거나, 튜브 형태로 만든 닭고기 수프, 새우 칵테일, 아침식사용 시리얼 등이 전부였다. 하지만 맛과 향이 너무 떨어져 우주인이 식욕부진으로 영양결핍에 빠지는 일이 잦았다. 이를 보완하기 위해 복숭아와 살구 등의 과일이나 참치 같은 반건조 식품을 레토르트로 포장한 제품이 탄생했다. 이후 미국은 2010년대까지 220개가 넘는 우주식품을 개발했고, 러시아도 100개 이상을 개발했다.

한국은 2008년 이소연 우주인 때 볶음김치, 고추장, 라면 등 10개 품목을 처음 개발해 제공한 뒤 점점 품목을 늘려갔다. 2014년에는 약 30개의 식품을 개발했고, 화성에 가던 2030년대에는 100종 이상의 제품을 보유하게 됐다. 우주인들이 여러 해 우주에서만 살아도 먹는 문제로 괴로워하지는 않을 수준이다. 우주식품을 개발하는 과학자들은 "우주식품이야말로 우리나라가 화성에 우주인을 보낼 수 있게 한 숨은 공신"이라며 자부심이 대단하다.

파티가 끝나간다. 디저트로 나온 사과를 한 입 베어 물었다. 고향 느낌이 물씬 났다. 그리움이 몰려왔다. 내 고향은 사과 밭이 유명하다. 조만간 그 맛과 향을 느낄 날이 오겠지. 그날까지, 화성에서의 임무를 무사히 해내자고 다짐한다.

김치도 우주식품으로 만들 수 있을까

세계가 우수성을 인정한 대표적인 발효식품 김치. 김치는 미생물이 많이 살아 있어 늘 발효가 진행중인 상태다. 우주식품이 되려면 미생물을 제어해야 하는데, 이를 위해 방사선 멸균 기술을 이용해 미생물을 멸균시킨 우주김치가 만들어졌다. 김치국물을 흡수하는 특수 패드와 원터치 캔 방식을 써서 안전하게 먹을 수 있다. 우주식품은 온도 변화가 심한 우주선 안에서 최소 9개월에서 최대 5년 동안 장기간 저장해야 한다. 따라서 미생물을 매우 엄격하게 관리한다. 미국의 우주선에 우주식품을 실으려면 NASA의 인증을 받아야 하고, 러시아는 우주항공청 산하 생리의학문제연구소(IBMP)의 인증을 받아야 한다. IBMP 인증의 경우 예비평가, 저장평가, 최종평가 등의 3단계 평가로 진행되며 약 51일 동안 우주와 닮은 환경 조건에서 저장하면서 안전성과 품질을 평가한다. 우주김치 역시 러시아의 인증 절차를 통과했다.

최기혁

항공우주의 미래를 준비하는 과학자. KAIST에서 항공
전공으로 석사학위를, 영국 런던대에서 고층대기로 천
문학 박사학위를 받았다. 항공우주연구원에서 연구하
며 한국우주인배출사업단장을 역임했고, 미래융합기술
연구실장을 거쳐 현재 달 탐사연구단장을 맡고 있다.

gchoi@kari.re.kr

귀환 프로젝트

지구로 돌아오는 길

2036년 6월 15일. 드디어 임무를 마치고 다시 이륙하는 날이다. 우리가 탑승하자 10t의 액체산소와 5t의 메탄이 이륙선에 주입됐다. 화성궤도에 있는 사령선과 교신해 둘이 화성 200km 상공에서 도킹하도록 프로그램을 설정했다. 이번 화성탐사에서 가장 위험하고 중요한 순간이다. 카운트다운이 시작되고 큰 진동과 굉음이 들리면서 이륙이 시작됐다. 승무원 모두가 박수를 쳤다. 시원섭섭한 기분이었다. 위험한 임무를 무사히 마무리 짓는다는 안도감이 들었다. 그러나 아직 축배는 이르다. 무사히 사령선과 도킹에 성공하고 지구귀환선이 출발해야 비로소 안도할 수 있을 것이다. 이륙 10분 후 우리는 다시 무중력을 느끼기 시작했고, 화성을 몇 바퀴 돈 후 저 멀리서 다가오는 사령선을 볼 수 있었다.

이제 사령선과 도킹 직전이다. 도킹에 성공하면 해치를 열고 12명의 승무원은 감격적인 포옹을 할 것이다. 궤도 위에서 더 외롭고 고단했을 사령선의 승무원들과 착륙선의 승무원들은 서로를 축하하고 격려할 것이다. 그러고 나면 지구로 출발할 것이다. 며칠에 걸쳐 사령선을 점검한 뒤 화성이륙모듈과 화물모듈을 떼어버리고 로켓을 점화할 것이다. 한 시간 정도 우렁찬 진동과 소음이 들리고 나면 엔진이 꺼질 것이다. 그리고 6개월간의 긴 항해가 시작될 것이다. 지구로 향하는 항해 말이다…. 문득, 멀리 보이는 큰 동전 크기의 지구가 낯설게 느껴졌다. 우리 뒤에 펼쳐진 붉은 보름달과 같은 화성이, 지금 이 순간은 오히려 정겹게 느껴진다.

혹독했던 10년간의 훈련

화성에 오기 전 받았던 10년간의 훈련은 지금까지의 우주인 훈련과는 많이 달랐다. 일반적인 우주선의 시스템과 기계, 전자 장비 사용법은 물론 간단한 수술까지 할 수 있는 의학을 배웠다. 교실 정도의 좁은 공간에서 승무원들이 3년간 함께 생활하기 때문에 발생할 수 있는 폐쇄공포증, 공황장애, 공격성, 우울증 및 성적인 스트레스에 대응하는 법을 훈련 받은 것은 특이한 경험이었다. 대부분은 선내 스트레스 완화 프로그램과 약물로 견디도록 했지만, 만일의 경우 문제를 일으키는 승무원은 제압해 결박하도록 했다. 이런 우주 법률은 유엔에서 이번 탐험을 앞두고 특별한 국제법으로 선포했고, 탑승우주인의 출신국가 지도자가 서명했다. 이번 화성탐험은 3년이라는 긴 시간과 100여 번의 우주선 선외작업(EVA), 화성에서의 탐사활동 등이 예정돼 있었다. 부상은 물론 사망사고도 일어날 가능성이 컸다. 승무원들은 자신의 신체 크기에 맞는 시신처리 백을 지급받았다. 시신보관 냉동고 작동법을 익힐 때는 숙연해지기도 했다.

4 부

미래

지구를 넘어
화성을 넘어

* 이 장에서는 화성 거주 프로젝트 이후의 관련 연구를 담았다.

11장

지구로 돌아오다

지상에서 운용되는 우주기술

이준호

고려대 신소재공학부 교수. 한국마이크로중력학회 총무이사로 'Microgravity Science&Technology' 특별호의 Guesteditor를 역임했다. 독일 DLR과 일본 JAXA 등이 주관 하는 국제우주정거장(ISS) 내 물성 측정 실험에 참여하고 있다. joonholee@korea.ac.kr

윤태성

한국생명공학연구원 미래기술연구본부 책임기술원. 화학으로 박사학위를 받았다. 러시아 우주 정거장 미르와 미국 컬럼비아호, ISS 등 세 차례 마이크로중력환경 단백질결정 성장 임무에 참여했다. yoonts@KRIBB.re.kr

강성현

한국생명공학연구원 미래기술연구본부 책임연구원. 세포생물학자로, 한국연구재단 우주핵심기술개발사업(중수소기반 이생명시스템)의 연구책임자다. 단백체학 기반 연구를 하고 있다. skang@KRIBB.re.kr

국제우주정거장(ISS)의 고효율 태양전지가 왼쪽에 보이는 가운데, 큐브샛 위성이 발사된 장면. 큐브샛은 우주에서 적은 비용으로 다양한 과학, 공학 실험을 할 수 있어 미래에 더 각광 받을 것이다.

부릉거리는 자동차 소리에 눈을 떴다. 환한 햇살이 나를 반겼다. 지구의 온기였다. 화성에서 머무는 동안, 나는 매일 아침마다 따스한 햇살이나 새소리가 부드럽게 깨우는 지구의 아침을 생각했다. 아니 기대했다. 그런데 막상 돌아오니 실상은 달랐다. 해가 뜨고 새가 울기 전에 먼저 골목을 지나가는 자동차 소리가 귀를 찔렀다.

'그래, 지구는 붐볐지.'

돌이켜보면 화성의 적막함이 특이한 경험이었다. 화성에 있을 때는 지구의 북적거림이 그렇게 그리웠는데, 지구에 오니 다시 화성의 고요함이 간절해진다.

우주선 열기 막던 방열 재료

오가는 시간과 훈련 기간까지 포함해 5년이 지나는 동안 지구의 삶은 꽤 변해 있었다. 연구소에서 최 박사가 바이오디젤을 연료로 하는 무인자동차를 타고 마중을 나왔다. 차체가 탄소강화섬유로 만들어졌는데 따뜻한 봄 햇살을 받으며 꽤 먼 길을 달려 왔는데도 그리 뜨겁지 않았다. 엔진과 배기관의 열을 차단해 주는 '새트피시에스(SatPCS)'라는 재료 덕분이었다. 이 재료는 원래 우주왕복선의 방열장치를 긴급 보수하기 위해 개발된 SMP-10이라는 재료를 지상에서 활용할 수 있도록 개발한 것이다.

2030 화성 오디세이

우주왕복선은 비행할 때 극단적인 고온을 경험한다. 특히 맨 앞 부분이 심한데, 아무리 탄소강화재료를 써도 손상을 입을 가능성이 있었다.

SMP-10은 바로 이런 응급 상황을 해결하기 위해 개발됐다. 폴리머 형태라 작업할 땐 손쉽고, 약 815℃ 이상의 고온이 되면 저절로 내열성이 좋은 세라믹으로 변해 튼튼했다. SMP-10은 화성 궤도에 진입할 때는 물론 지구로 귀환할 때도 매우 유용했다. 실제로 우리가 화성을 떠날 때 우주선의 방열장치 일부가 손상됐는데, 지구 궤도에 진입하기 전에 발견하고 SMP-10으로 수리했다. 내 생명을 구해 준 이 재료가 이제는 자동차에 사용되고 있다는 사실이 놀라웠다.

차를 타자 자동주행 모드로 서서히 움직이기 시작했다. 3차원 플래시 라이다(3D flash LIDAR) 카메라를 장착한 자동차는 주변 환경을 실시간으로 관찰해 주행했다. 자동차 전면에 표시된 홀로그램으로 주변의 상황을 볼 수 있었다. 원래 화성 표면의 안전 착륙 장소를 찾거나 국제우주정거장(ISS)에 우주선을 도킹시킬 때 충돌하지 않도록 개발된 카메라였는데 이제는 항공기는 물론 자동차에도 사용되고 있다.

지금은 사라진 우주왕복선 (위)
이륙 및 착륙을 할 때 초고온 상태에 놓이기 때문에 손상을 입을 우려가 있다. 이에 비상용 응급수리 재료가 개발됐다.

착륙하는 화성탐사선 큐리오시티 (아래)
주변 환경을 읽는 라이다 기술이 적용됐다. 두 기술 모두 지구에서 응용 중이다.

2030 화성 오디세이

주위를 달리는 바이오 디젤 자동차를 바라봤다. 예전의 디젤 자동차에서 나왔던 검은 연기를 더 이상 볼 수 없다는 점이 신기했다. 검은 연기는 연료에 있던 탄소 성분이 완전히 연소되지 않고 배출되기 때문에 생긴다. 그런데 우주선 내부에 사용되던 광촉매 코팅 기술이 자동차 배기관에 적용되자 완전연소가 가능해졌고, 이제는 검은 연기가 눈에 띄게 사라졌다.

토사 녹여 황사 줄이다

고개를 들어 하늘을 바라보았다. 3월 초인데도 맑은 가을하늘 같은 청명한 하늘을 볼 수 있었다. 매년 초봄부터 중국으로부터 불어오던 황사도 달 탐사 과정에서 개발된 마이크로파 용융 기술을 통해 억제할 수 있게 됐다. 원래 달 표면의 토사로부터 월면전차나 116장비가 오염되는 것을 막기 위해 개발된 기술이었다. 마치 도로를 만들 듯 토사를 녹여서 굳히는 식이다. 이 기술을 내몽골의 황사 발생 지역에 적용했더니 황사가 뚜렷이 줄었다.

잠시 후 차량은 2km 길이의 터널로 들어갔다. 터널 상부에는 공기 순환용 팬이 일정한 간격으로 달려 있었다. 이 터널은 내가 화성으로 떠나기 진부터

◀

우주왕복선이 지구를 떠나기 위해서는 처음 9분 동안 72만5000kg의 추진체를 연소해야 하며, 이때 온도는 3300℃에 도달한다. 엔진이 과열되지 않도록 영하 158℃의 액체 수소를 냉각 튜브를 통해 흘려준다. 지구에서 가장 효율이 좋은 로켓엔진은 초고압 조건에서 작동하는 펌프와 연소기를 통해 고온의 가스를 빠르게 팽창시킨다.

있던 것인데, 실은 이곳에도 오래 전부터 우주 기술이 적용돼 있었다. MSFC-398이라는 알루미늄계 고강도 경량합금은 고온에서 강도가 탁월해 우주선의 엔진 부품으로 이용됐다. 이 재료는 곧바로 터널 건설업자들의 눈에 들었다. 만약 터널 내에 화재가 발생할 경우, 연기와 유독가스를 빠른 시간에 제거해야 한다. 공기순환용 팬이 선풍기로 연기를 날리듯 이를 제거하는 역할을 한다. 그런데 팬이 불의 열기를 견디지 못하면 정작 화재 때 무용지물이니 고민이 많았다. MSFC-398은 400°C의 높은 온도에서 2시간 동안 고속으로 작동해도 견딜 수 있는 튼튼한 재료였기에 곧 터널에 널리 이용됐다.

터널을 통과하자 멀리서 항공우주연구소의 새로운 건물이 눈에 들어 왔다. 우주선 모양의 수려한 외관에, 표면은 우주선에서 사용되는 낯익은 태양광 전지 패널로 둘러싸여 있었다. 건물에서 사용되는 모든 에너지를 태양광으로 공급받는 친환경 빌딩이었다. 태양광 전지의 표면은 우주 기술로 개발된 처리기술(상온습식화학증착, RTWCG 프로세싱)을 이용했다. 표면에 얇은 산화막을 만들어 효율을 극대화하는 기술이다. 표면에 산화티타늄 코팅도 해, 따로 청소하지 않아도 항상 깨끗한 표면을 유지할 수 있다.

새로운 항공우주연구소 건물 긴너편에는 제철소가 세워져 있었다. 철 이외의 금속 자원이 대부분 고갈되면서 철은 탄소 강화 섬유와 함께 가장 중요한 소재로 각광받고 있다. 제철소에서는 이전까지 사용되지 않던 저급 광석과 폐플라스틱을 원료로 넣어 철강 제품을 생산하고 있었다. 이를 가능하게 해준 것은 미분탄(입자 크기가 0.5mm 이하의 아주 잔 가루로 된 석탄) 고압 연소 기술이다. 이 기술은 원래 우주왕복선의 추진체 연소 기술이었다. 지금은 합성

가스를 만들어 전기를 생산하는 데에도 쓰고 있다. 기존 기술보다 설치비용이 10~20% 싸고, 이산화탄소도 10% 적게 나온다.

새로운 우주 임무를 꿈꾸는 큐브샛

연구소에 도착하자, 최 박사가 놀라운 말을 했다.

"화성 유인탐사는 성공적이었어요.
그런데 한편에서는 정반대의 아이디어가 제기되고 있답니다."

정반대라니 무슨 말인지 몰라 어리둥절해하자, 최 박사가 "큐브샛"이라고 말해줬다.

큐브샛은 20세기 말 미국에서 개발된 초소형 위성이다. 가로, 세로, 높이 각각 10cm의 정육면체형 기기를 기본 단위(1U라고 한다)로 하고, 이 기본 단위를 두세 개 연결해서 길게 만들기도 한다. 큐브샛은 개방형 위성이라 안에 통신, 생명과학, 재료 등의 실험 장비를 자유자재로 탑재할 수 있다. 첫 개발 이후 발전을 계속해 왔는데, 이제 바이오 3D 프린팅 기술(생체재료로 인공 조직과 장기를 만드는 기술)과 DIY생물학의 대중화로 활용이 정점에 달했다는 것이다. 한국은 특히 생물학과 재료과학 분야에서 두각을 나타내고 있다.

큐브샛

"2006년부터 미국항공우주국(NASA)은 '진새트-1(GeneSat-1)' 등, 정육면체 세 개 크기(3U)의 위성으로 생명과학을 연구하기 시작했어요. 주로 우주환경에서 생명체가 살 수 있는지, 유기물 변화는 어떻게 일어나는지 등을 모니터링했죠. 우리나라는 2010년 중후반기부터 '한국형 바이오큐브랩' 임무를 제안하며 이 분야에 본격적으로 뛰어들었어요."

1kg짜리 위성 하나를 1억 원 정도면 발사할 수 있다고 했다. 굳이 비싼 국제우주정거장(ISS)까지 가지 않아도 되니 얼마나 좋은지. 더구나 추진모듈까지 더하면 항성간 우주선 탑재물로도 개발할 수 있다고 했다. 노아의 방주처럼 생명체를 담아 먼 우주로 보낼 수도 있다는 뜻이다. 이젠 고전이 된 영화 '인터스텔라'에 나오는 플랜-B처럼.

연구실 창문 너머로 들여다 보니 젊은 과학자들이 한창 큐브샛에 실험 키트를 장착하고 있었다. 한쪽에서는 화성 탐사와 이주라는 거대하고 긴 꿈을 꾸고 있고, 다른 쪽에서는 작고 실용적인 실험을 준비하고 있다. 전방위적인 우주시대에 돌입했다는 사실이 훅 느껴졌다.

최 박사가 내 옆구리를 쿡 찔렀다. "이제 가야지? 자네 자리로."

최 박사가 가리키는 방으로 천천히 걸어갔다. 나도 알고 있었다. 그곳에 내가 해야 할 다음 임무가 기다리고 있다는 걸. 우리 인류는 이제 더 큰 꿈을 꿀 것이다. 화성을 넘어, 더 먼 우주로의 여행이라는 꿈을. 언제 끝날지 모르고 성공할지도 모르지만, 그럼에도 절대 포기하지 않을 꿈 말이다.

지상에서 사용되는 우주기술

#1.

우주왕복선 콜럼비아호의 사고 이후, 우주왕복선은 비상시를 대비하여 실란트 재료를 탑재하
게 됐다. 우주왕복선 외부의 방열장치에 손상을 입었을 때 이를 긴급 보수하기 위한 재료로, 실
제로는 이를 직접 사용할 만한 사고는 발생하지 않았지만 방열판으로 사용되는 탄소강화재료
(RCC)를 소재로 실험됐다. 이렇게 개발된 재료(SMP-10)는 상온에서는 폴리머로 존재하지만, 고온
에서 내열성이 좋은 세라믹 재료로 변환되도록 설계되었다. 고가의 SMP-10을 지상에서 사용할
수 있도록 개발한 것이 새트피시에스(SatPCS)로, 현재 항공기 및 자동차 재료로 사용되고 있다.
예를 들어 포뮬러 1과 같은 경주용 자동차에서는 자동차 엔진에서 전달되는 뜨거운 열을 차단
하는 단열재로 사용되고 있다. 또한, 배기관의 단열재로도 사용하기 위해 기술 개발이 이루어지
고 있는데, 이 기술이 상용화되면 경주용 자동차뿐 아니라 일반 자동차에서도 엔진의 온도를 상
승시켜 엔진 효율을 높일 수 있을 것으로 기대되고 있다.

#2.

우주왕복선이 지구를 떠나기 위해서는 처음 9분 동안 72만5000kg의 추진체를 연소해야 하며,
이 때 온도는 자그마치 섭씨 3300도에 도달하게 된다. 엔진이 과열되지 않도록 화씨 영하 253도
의 액체 수소를 냉각 튜브를 통해 흘려준다. 지구상 존재하는 가장 높은 효율을 갖는 로켓엔진
은 프랫앤위트니 로켓다이어사(Pratt & Whitney Rocketdyne, PWR)에서 개발됐다. 초고압 조건에서
구동 가능한 펌프와 연소기를 통해 고온의 가스가 빠른 속도로 팽창할 수 있도록 했다. 이 기술
은 곧바로 가스화로에 적용되었는데, 미분탄 취입을 통해 신가스(syngas)를 합성하는 데 사용되
었고, 이렇게 얻어진 신가스는 전기를 생산하는 데 사용될 수 있다. 우주 기술을 통해 개발된 연

소기술은 종래의 기술 대비 설치비용은 10~20%, 이산화탄소 배출량은 10% 저감시킬 수 있어 환경 친화적인 기술로 알려져 있다.

#3.

MSFC-398은 고온에서 사용할 수 있는 알루미늄 합금으로 종래에 사용되던 합금에 비하여 강도를 3~4배 향상 시킨 재료이다. 내연 기관의 부품으로 개발된 이 합금은 선박용 엔진에 이용되었을 뿐 아니라, 최근에는 철로 및 도로용 터널의 공기 순환용 팬으로 활용되고 있다. 터널에서 화재가 발생하는 경우를 대비하여 터널용 팬은 섭씨 400도의 온도에서 2시간 동안 작동해야 하는 조건을 만족해야 한다. 이렇게 개발된 우주 합금은 터널 화재 사고 시, 연기와 유독 가스를 빠르게 제거하여 안전을 확보하게 하는 데 도움을 주고 있다.

#4.

10개월 동안 6억8000만km를 여행한 화성 탐사선이 화성에 도착하게 되면, 착륙까지의 마지막 7분이 매우 중요한 시간이 된다. 착륙하기 안전한 장소를 찾아 우주선을 착륙시켜야 하기 때문이다. 때문에 현재까지 화성 착륙은 13번의 시도 중 5번만 성공한 고난도의 미션이다. 그러나, 앞으로는 이러한 화성 착륙이 쉬워질 전망이다. NASA에서 개발 중인 실시간 3차원 영상 분석기는 어두운 곳에서도 안전한 착륙 장소를 선정하는 데 도움을 줄 전망이다. 한편 이 기술은 우주선의 국제우주정거장 랑데부와 도킹에도 사용된다. 근적외선 플래쉬 레이저를 이용하여, 우주선과 국제우주정거장이 안전하게 연결되도록 정보를 실시간으로 제공한다. 이 기술은 무인 자동차의 충돌 방지, 안전 운행, 가시거리가 짧은 짙은 안개 등의 상황에서 장애물 파악 등의 목적으로 활용될 수 있을 것으로 기대된다.

#5.

아폴로 달 탐험 프로젝트에서 문제점으로 지적된 것은 달 표면의 토사(lunar dust)였다. 달 표면의 토사는 우주복은 물론 각종 장비, 우주선에 부착되어 잘 떨어지지 않았다. 이것은 먼지가 갖고 있는 정전기력에 의한 것이었지만, 미세한 가루들이 연마제처럼 날카로운 모서리를 갖고 있었기 때문이기도 하다. 이렇게 부착된 가루는 태양빛을 흡수하여 가열되는 특성을 나타냈다. 2009년 케네디 우주 연구소에서는 달 표면의 토사를 마치 도로공사를 하듯 굳히는 방안을 제안했다. 마이크로웨이브를 이용하여 달의 토사를 섭씨 1000도 이상으로 가열하는 데 성공했고, 20cm 두께의 표면을 굳힐 수 있었다. 해당 기술은 항공 우주재료 및 자동차 소재로 사용되는 탄소폼의 열처리 시간을 일주일에서 하루 이내로 줄여 주었다. 또한, 전자재료 및 컴퓨터용 알루미나 기판, 연료 전지용 지르코니아, 전기제품용 케패시터와 저항, 전지재료 등의 제조 공정에도 사용되고 있다.

#6.

위성과 우주선에서 필요한 에너지를 공급하기 위해 태양전지가 주로 사용된다. 우주의 가혹한 환경에서 에너지 효율을 높이기 위한 많은 연구들이 수행됐는데, 주목할 만한 기법으로 실리콘 태양전지 표면에 얇은 산화막을 형성시켜 태양빛의 반사를 줄여주는 RTWCG 프로세스를 들 수 있다. 이 방법을 사용하여 종래 15~18%의 태양전지의 효율은 21%까지 향상될 수 있었다. 21세기 신재생에너지의 대표주자인 태양전지의 효율 향상에도 우주 기술이 사용되고 있는 것이다.

#7.

로켓 엔진 개발 과정에서 설비의 보수에는 막대한 비용이 들게 된다. 특히 연소 중 발생한 탄소 복합체들은 설비 표면을 오염시키는 문제를 일으킨다. 이렇게 발생한 오염 물질을 쉽게 제거하기 위해 광촉매를 이용한 표면처리 기술이 개발됐다. 광촉매가 이용되는 것은 비단 외벽의 오염물질 제거만이 아니다. 우주에서의 정수 설비에도 광촉매가 활용된다. 광촉매를 통하여 균을 파괴할 수 있기 때문이다. 이러한 표면 처리 기술은 가정의 새 카페트로부터 발생하는 유독 가스, 병원에서의 감염의 원인이 되는 병원균의 제거는 물론, 초대형 건물의 외벽 청소 등에 유용하게 사용되고 있다.

#8.

겨울철에 폭설이 내려도 열차들의 정상적으로 운행하는 모습을 볼 수 있다. 이것은 NASA에서 개발한 눈과 얼음 부착 방지제가 사용되었기 때문이다. 열차들과 마찬가지로 안전한 운행을 위해서는 비행기에도 이러한 기술이 적용되고 있다. 기존에는 이러한 목적으로 에틸렌글리콜이 사용되었으나, 인체 유해성으로 인해 그 사용이 금지됐다. 새로 개발된 얼음 부착 방지제는 열차의 겨울철 운행이 가능하도록 해주었고, 이로 인한 경제적 이익은 물론 혹한기 열차 운행을 통한 고용 창출의 효과도 가져왔다.

#9.

보통 금속 소재는 녹아 있는 액체 금속을 응고시켜 얻게 되는데, 이러한 과정을 주조라고 한다. 항공 우주 산업은 물론 미래형 자동차 산업 등에서 사용되는 금속 소재는 시뮬레이션을 바탕으로 한 정밀한 주조 공정을 통해 생산되는데, 지금 국제우주정거장에서는 이러한 미래형 금속 소재 시뮬레이션을 위한 열물성 데이터를 측정하는 연구(ThermoLab project)가 활발히 진행되고 있다. 지상에서는 중력의 영향으로 자연대류가 발생하여 액체 금속의 열물성을 측정하기 어렵지만 우주에서는 중력의 영향을 무시할 수 있기 때문에 정밀한 열물성 측정이 가능하게 된다. 여러 종류의 비정질 금속 합금, 초고강도 철강 재료, Ti계 및 Ni계 항공 우주 재료 등에 대한 데이터가 확보되면 지상에서 제조되는 금속 제품의 초정밀 가공이 가능할 것으로 기대된다.

12장

심우주 탐사

유로파를 향해
떠나다

최기혁

항공우주의 미래를 준비하는 과학자. KAIST에서 항공 전공으로 석사학위를, 영국 런던대에서 고층대기로 천문학 박사학위를 받았다. 항공우주연구원에서 연구하며 한국우주인배출사업단장을 역임했고, 미래융합기술연구실장을 거쳐 현재 달 탐사연구단장을 맡고 있다.
gchoi@kari.re.kr

유로파에서 물이 나오는 장면 상상도

2040년 3월, 당시 나는 화성에서 돌아온 뒤 한국항공우주연구원(이하 항우연)으로 복귀해 동료들과 바쁜 일정을 보내고 있었다. 학교에서 강연 요청이 밀려 들어왔고, 방송 인터뷰와 신문 칼럼 집필, TV 출연 요청이 이어졌다. 요청에 일일이 응하면서도 화성탐사를 통해 얻은 수많은 우주기술을 산업계에 이전하기 위한 노력도 게을리 하지 않았다. 이른바 '파급기술(Spin-Off Technology)' 발굴작업이었다. 그리고 5년 뒤 발사될 새로운 유인탐사선 임무도 계획하고 있었다. 목성의 위성, 유로파로 향하는 유인탐사선이다.

원로 과학자와의 만남

그해 어느 날이었다. 인근 초등학교에서 강연을 마친 뒤 연구실로 돌아오니 책상에 입체 홀로그램 메시지가 와 있었다. '우주거북선 프로젝트', 즉 유로파 유인탐사선 프로젝트의 국내 비밀 자문단 회의였다. 자문단은 20년 전에 항우연이나 대학을 정년 퇴임한 원로 우주과학자들과, 우주 기업의 사장, 은퇴한 과학기자 등으로 구성돼 있었다. 회의 장소는 백두산 근처에 있는 항우연의 심우주(deep space) 통신 지상국이었다. 통일이 된 지 10여 년이 지났지만, 옛 북한 지역으로 가는 출장은 여전히 새로운 기분을 느끼게 했다.

다음날, 백두산이 훤히 보이는 회의실로 들어가자 백발이 성성한 10여 명의 자문위원들이 형형한 눈으로 나를 반겼다. 대선배인 이들에게 정중히 인사를 한 뒤, 아직은 대외비인 새 임무를 브리핑했다. 주제는 한국형 원자력 로켓을

탑재한 신형 유로파 탐사선이었다.

화성 이후 새로운 목적지인 유로파는 목성의 위성이다. 얼음 밑에 큰 바다가 있는 천체인데, 여기에는 생명체가 존재할 가능성이 매우 높다. 크기가 지구의 4분의 1로, 지름이 3140km다. 지구로부터의 거리는 화성까지 거리의 9배에 달하는 6억3000만km이고, 무척 추워서 한낮에도 온도가 영하 130℃ 이상으로 오르지 않는다. 태양으로부터 멀리 떨어져 있다 보니 태양 에너지도 지구상의 90분의 1 밖에 안 된다. 목성의 강한 자기장에 전자가 가속돼, 지구 주변에 부는 태양풍보다 최대 1만 배나 강한 전자기파와 방사능이 생명을 위협한다. 한마디로 가혹한 곳이다. 유로파 탐사는 화성탐사보다 몇 배 더 위험하고 힘든 여정이 될 것이었다.

유로파는 목성과 주변 형제 위성인 가니메데와 칼리스토의 중력 때문에 두께 100km에 달하는 얼음 층 곳곳에 균열이 있다. 이번 탐사의 목적은 이 틈 속으로 무인 원자력 수중탐사선을 투입해 생명체의 존재를 파악하는 것이었다.

엄청나게 먼 거리와 혹독한 환경은 탐사선 우주거북선 호의 개발을 힘들게 했다. 그러나 고된 시도 끝에 우리는 100t짜리 탐사선을 자체 개발하는 데 성공했다. 문제는 화학 로켓 대신 쓸 강력한 원자력 로켓 엔진을 개발하는 것이었다. 원자력 로켓 엔진을 쓰면 도착 시간을 극적으로 줄일 수 있다. 기존의 로켓을 이용하면 2년이 걸릴 거리를, 새 로켓으로는 6개월 만에 갈 수 있다. 뿐만 아니라 고효율의 원자력 전지를 이용해 1MW의 전력을 생산하는 기술도 연구했다. 이 전지는 탐사선 내부에 전력을 공급할 뿐만 아니라, 탐사선 외부에 인

유로파

유로파는 지구보다 풍부한 물을 지니고
있기 때문에 생명체가 살지도 모른다고
기대하는 학자도 많다.

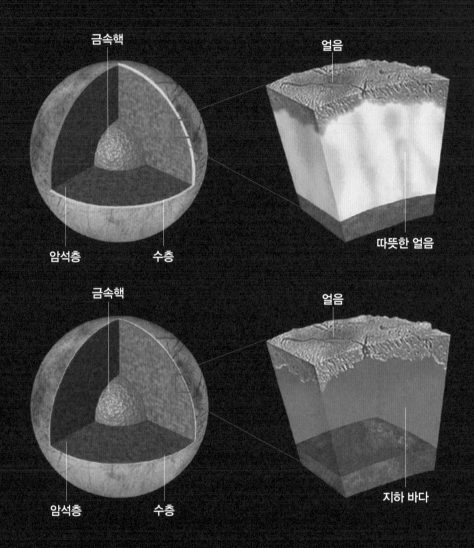

금속핵

얼음

암석층

수층

따뜻한 얼음

금속핵

얼음

암석층

수층

지하 바다

유로파의 내부 구조를 상상한 모습

표면의 수층은, 비록 겉은 얼어 있지만 속은 그렇
지 않을 것으로 예상된다. 따뜻하며 대류하는 얼
음이거나(위), 액체 상태의 물로 추정된다(아래).

유로파의 증기 배출 상상도

공 플라스마 막을 만들어 목성의 강력한 전자기파와 방사선을 차단한다. 마치 단단한 거북이의 등껍질처럼.

날카로운 질문이 이어졌다. 자문단 위원들은 2020년대 한국형 발사체 개발과 달 탐사에 종사했던 사람들로 경험이 풍부했다. 이들은 핵심기술은 충분히 개발했는지, 예산은 충분한지, 무엇보다 막대한 개발비가 지출되는 임무에 대해 국민을 설득할 논리가 충분한지 등을 날카롭게 물었다. 미국항공우주국(NASA) 등 해외 기관과의 협력이 양국 사이에 도움을 주고 받을 수 있도록 체결됐는지도 물었다. 마지막에 들은 은퇴한 과학기자의 한마디가 가슴을 울렸다.

"저는 일찍이 2020년대에, 우리의 힘으로 한국형 발사체를 개발하고 이를 이용해 달 탐사를 해야 한다고 기사를 썼어요. 그 노력이 20년간 한국의 우주개발을 좌우할 거라고 예측하기도 했죠. 제 말이 틀리지 않았다는 것을 지금 확인할 수 있어 기쁩니다. 하지만 지금은 새로운 시작을 준비할 때입니다. 다시 새로운 우주기술을 개발해야 합니다. 원자력 로켓 같은 신기술을요. 백두산 산신령이 돼서도 여러분들을 돕겠습니다."

통일한국 우주강국

2020년대에 한국형 발사체를 개발하고 이를 이용해 자력으로 달 탐사를 성공시킨 일은 국내외에 큰 반향을 일으켰다. 우선 한국은 2020년대 자타가 공인하는 우주 선진국이 됐다. 우주 산업은 자동차와 선박의 뒤를 잇는 국내 산업의 대표주자가 됐다. 전세계 우주시장의 10%를 차지하며 연 5000억 달러를 수출할 정도였다. 한 달에 10여 차례의 발사가 이뤄지는 고흥과 제주 발사기지는 국제적인 관광명소가 됐다.

우주제품 개발도 활발해졌다. 우주의 무중력을 이용한 우주 제약공장에서는 정밀화학 반응을 이용해 항암제, 에이즈(AIDS) 치료제, 치매치료제, 근위축증(루 게릭 병) 치료제를 생산했다. 우주에서는 줄기세포 생장이 지상보다 10배나 빠르다. 이를 이용해 화상 환자를 치료할 인공피부와 신장, 심장 등 인공장기를 만들었다. 우주에서 제작된 나노로봇에 암을 추적하는 암표적 DNA를 붙여 암세포만 죽일 수 있는 '나노 항암수류탄' 기술도 개발됐다.

2020년대 말 한반도에는 큰 위기가 있었다. 경제적으로나 군사적으로 한계에 이른 북한이 핵무기 개발을 들고 나오며 위협 수위를 높여 갔다. 그러나 우리는 한국형 발사체 기술과 뛰어난 위성 기술을 이용해 고고도와 중고도, 저고도의 공격을 다 막을 수 있는 삼중 미사일 방어 시스템을 독자 개발했다. 이 시스템은 북한이 시도하던 핵무기 탑재 미사일을 무력화시켰고 군사적 억제력은 평화통일 협상의 견인차가 됐다. 2030년, 우리는 드디어 평화통일을 했다.

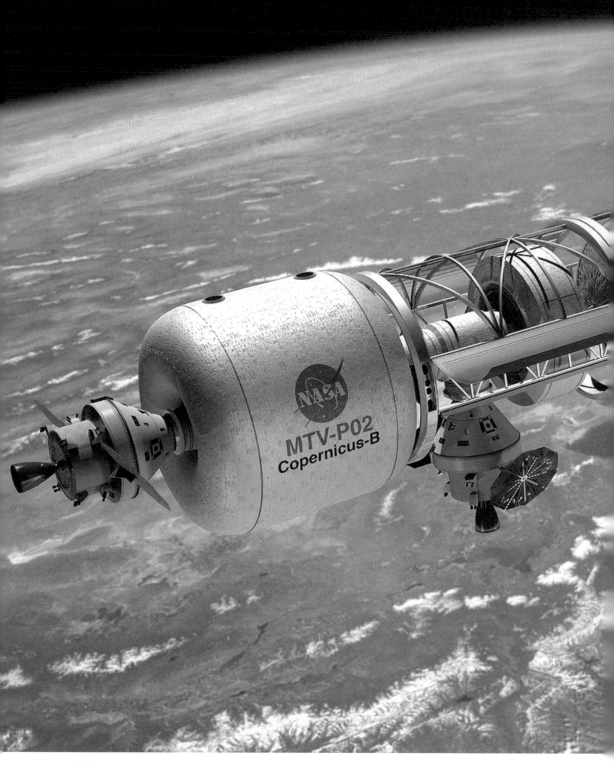

원자력 추진 로켓의 상상도

원자력 발전소와 같은 원리로 열을 생산
한 뒤 액체수소를 가열해 분사한다. 안전
성 등 논의가 많이 필요해 아직은 실현되
지 않았다. 미래엔 어떨까.

새로운 출발 – 먼 우주를 향하여

2045년 3월, 나는 드디어 '2040 우주거북선 호' 안에 앉아 있다. 10년 전 초짜 우주인 주제에 겁 없이 국제 화성탐사선의 한국 대표에 도전해 선발됐던 나는, 이제는 선장으로서 한국이 주도하는 유로파 탐사선에 탑승했다. 한국인 여섯 외국인 넷으로 구성된 이번 탐사팀은 5년 전부터 강도 높은 훈련을 받아 왔다.

고흥 발사기지에서 우주거북선 호가 발사 카운트를 기다리고 있다. 탐사선 창문 너머로 푸른 고흥 앞바다가 보였다. 왕복 1년, 체류기간 1년. 지구의 물은 2년 뒤에나 다시 볼 수 있을 터였다. 유로파에도 물이 있다지만 지구의 물과는 느낌이 다를 터였다.

10년 전 화성 탐사를 할 때 나는 향수병에 시달렸고 말 못할 온갖 고생을 다 겪었다. 그리고는 결심했다. 다시는 우주 탐사에 나서지 않겠다고. 하지만 다짐은 무용했다. 나는 또다시 우주 탐사를 앞두고 있다. 사실, 지난 10년의 세월 동안 나는 단 하루도 우주 비행을 잊은 적이 없다. 오히려 이 날이 오기만을 기다렸다. 다짐은 그런 애탄 바람을 잠재우기 위한 방편이 아니었을까. 아마 이번 임무를 마친 뒤에도 마찬가지일 것이다. 나는 다시 10년 뒤에 있을 더 먼 우주, 토성과 그 너머를 비행할 꿈을 꾸고 있을 것이다.

카운트다운이 시작됐다. 영광스러운 순간이었지만, 귓가에는 지상에서 흔한 박수 소리도 환호성도 들리지 않았다. 긴장된 침묵만이 고요를 이기고 있을 뿐이었다. 우주를 향해 걸어본 사람만이 알, 우주처럼 깊은 침묵이었다.

우리 과학자의
손과 머리로 상상한
화성탐사의 미래

인류와 가장 가까운 천체를 하나만 꼽으라면 단연 달입니다. 하지만 현대인에게 달 이상으로 친숙하고 매력적인 천체를 꼽으라면 화성을 꼽을 수 있을 것입니다. 지구와 몹시 닮은 환경, 가까운 거리, 그리고 붉은 외양과 극적인 지형은 사람들에게 다양한 상상을 하게 합니다.

이렇게 매력적인 천체인 화성에 대한 기획을 처음 구상한 계기는 연세대 최인호 교수와의 대화였습니다. 한국마이크로중력학회 회장을 맡고 있는 최 교수는 우주과학, 공학, 생물학을 위해 척박한 환경 속에서도 열심히 연구하고 있는 국내 연구자의 노력을 알리고 싶어 했고, 저 역시 국내 학자가 하는 노력과 연구는 충분히 콘텐츠로 남길 가치가 있다고 판단했습니다. 그래서 방법을 찾던 중, 인류와 가장 친숙한 행성이면서 생명체 존재 가능성을 놓고 가장 많은 이야기가 오가는 천체, 화성을 대상으로 관련 연구를 풀어보자는 데에 합의했습니다. 최 교수가 저와 공동 기획을 맡아 세부 주제 결정과 필자 추천을 맡고, 제가 전체적인 진행과 글 편집, 이미지 구성을 맡기로 했습니다. 2014년 초의 일입니다.

막상 시작하고 보니 화성에 가기까지의 여정뿐만 아니라, 우주에서 마주칠 수 있는 생체 반응, 화성 거주 시설을 짓기 위한 노력, 에너지 및 식량 생산을 위한 아이디어 등 할 수 있는 이야기가 무척 많다는 사실을 깨달았습니다. 그래서 그 내용을 '화성 유인 여행 및 거주 프로젝트'라는 큰 주제 아래에 서술할 수 있도록 '과학동아'에 1년 연재 계획을 세웠습니다. 아울러 기왕이면 실제 여행 개척자 및 거주자의 입장에서 마주칠 상황을 가정해 마치 시대를 앞서 수행하는 1인칭 시뮬레이션처럼 해보기로 마음먹었습니다.

시뮬레이션 방식으로 글을 쓰는 것은, 기자 입장에서는 시도해 볼 만한 가치가 있는 일입니다만 과학자 입장에서는 무척 어려운 일일 수 있었습니다. 그래서 걱정도 하고, 공동기획 및 편집자로서 일이 많아지는 게 아닌가 염려도 됐습니다. 하지만 기우였습니다. 이 연재에 참여한 22명의 과학자들은 대부분, 깜짝 놀랄 만큼 재치 있게, 그리고 유려하게 화성 탐사 프로젝트를 글로 풀어 냈습니다.

2015년 9월 말, 미국항공우주국(NASA)은 화성에서 시기에 따라 액체 상태의 물(염분이 포함된 물)이 흐르고 이에 따른 지형 변화가 일어난다고 발표했습니다. 화성에서 생명체의 존재를 확인할 가능성 그리고 인류가 화성을 보다 수월하게 탐사할 가능성이 커진 것입니다. 같은 해 10월에는 영화계의 명장 리들리 스콧 감독의 영화 〈마션〉이 개봉하며 화성에 대한 대중적 관심이 더 커졌습니다. 하지만 우리가 미국에서 이뤄진 연구나, 국제적 자본으로 만들어진 영화만 보고 있을 이유는 없습니다. 비록 척박한 상황이지만, 화성 여행과 이주라는 주제로 진지한 고민을 하는 이 땅의 과학자가 있기 때문입니다.

1년 동안 연재된 이 내용은 국내 과학자들의 진지하고 열정적인 공부와 연구 결과를 담고 있습니다. 비록 부드럽게 서술돼 있지만, 한자리에 모이기 힘든 여러 국내 필자가 쓴 최신 내용이라는 점에서 의미와 효용성이 클 것이라 생각합니다.

이 책은 1년간 연재된 22명의 글을 재구성하고, 일부 내용을 보강하고 수정해 묶어 낸 것입니다. 국내 일러스트레이터와 디자이너의 그림도 넣었습니다. 일부 박스 글은 제가 추가했습니다. 외국의 콘텐츠와는 또다른 가치와 재미가 있을 것입니다. 영화 〈마션〉을 흥미롭게 보신 분들은 관련된 내용을 보다 깊이 있게 이해할 기회도 될 것입니다. 더 많은 분들이 우주과학, 공학과 생물학에 관심을 갖는 입문서가 되면 좋겠습니다.

과학동아 기자/편집장
윤신영